実力養成！第2種 放射線取扱主任者 重要問題集

福井 清輔 編著

弘文社

まえがき

　本書は，国家資格としての第2種放射線取扱主任者試験を受験される皆さんの試験対策学習用の問題集を提供する目的で用意しました。

　この試験の分野は，「放射線の物理学」，「放射線の化学」，「放射線の生物学」，「放射線の管理測定技術」，および，「放射線の関係法令」の5分野（試験課目としては管理技術ⅠおよびⅡと関係法令の3課目）からなっています。本書は，その5分野を章としそれぞれにある節（出題テーマ）ごとに8問を用意しております。その8問は基礎問題，標準問題，発展問題に分かれており，基礎からはじめて順次高度な内容の学習をしていただけるようにしております。

　学習される分野の順序は，必ずしも本書の順序でなくても，おひとりおひとりに合わせた順序でかまいません。学習されます方にとって取りつきやすい順番で取り組んでいただければ結構です。

　多くの資格試験の合格基準は一般的に60～70%となっています。放射線取扱主任者試験も全科目平均として60%以上（各科目が50%以上）で合格です。100%の問題の正解を出さなければいけないというものではありません。ですから，「問題をすべて解かなければならない」と思われる必要はありません。コツコツと着実に少しずつ解ける問題を増やしていきましょう。

　合格される方の中には，「すべてを理解してはいなくても，平均的に60%以上の問題について正解が出せる方」が含まれます。逆にいいますと，40%は正解が出せなくても合格できるのです。多くの合格者がこのタイプといってもそれほど過言ではないでしょう。

　合格されない方の中には，「高度な理解力をお持ちであっても，100%を理解しようとして途中で学習を中断される方」も含まれます。優秀な学力をお持ちの方で，受験に苦労される方が時におられますが，およそこのようなタイプの方のようです。

　この資格を目指される多くの皆さんのご奮闘を期待しております。

著　者

目 次

第2種放射線取扱主任者受験ガイド ································6
本書の学習の仕方 ··10
受験前の心構えと準備 ··11
試験に臨んで ···12

第1章　放射線の物理学
1　単位および数学の基礎 ··14
2　原子・原子核と放射線 ··21
3　核壊変と放射線 ···28
4　放射線と物質との相互作用 ··································34

第2章　放射線の化学
1　化学の基礎 ···44
2　放射能と壊変 ··52
3　放射平衡 ··61

第3章　放射線の生物学
1　放射線生物作用の特徴と放射線影響の分類 ············72
2　放射性核種による生体への影響 ···························81
3　放射線影響に関する各種側面 ······························90

第4章　放射線の管理測定技術
1　放射線の測定 ··100
2　放射線の管理 ··109

第5章　放射線の関係法令
1　放射線の関係法令 ··120
2　設備等およびその基準に関する規定 ···················129
3　放射線の管理等に関する各規定 ·························138

模擬テスト

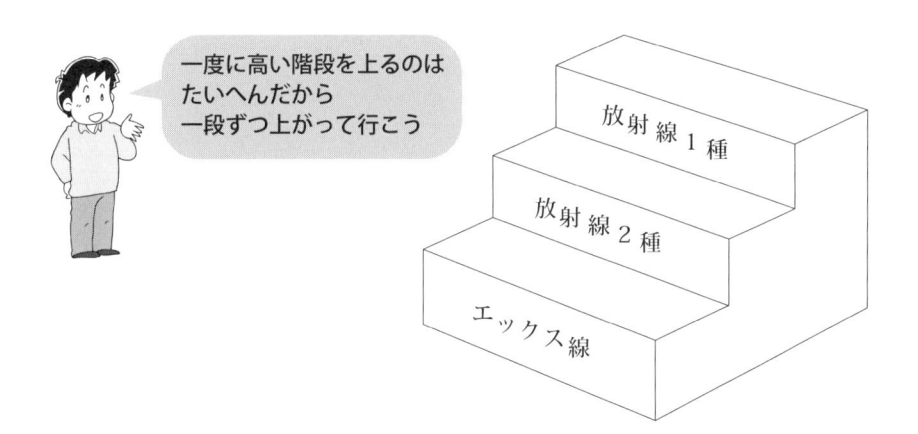

1 模擬テスト－問題 ……………………………………………148
2 模擬テスト－解答 ……………………………………………177
3 模擬テスト－解説と解答 ……………………………………180

さくいん ……………………………………………………………205

一度に高い階段を上るのは
たいへんだから
一段ずつ上がって行こう

放射線1種

放射線2種

エックス線

第2種放射線取扱主任者受験ガイド

※本項記載の情報は変更される可能性もあります。
必ず試験団体に問い合わせて確認してください。

1）放射線取扱主任者

　放射線取扱主任者は，放射性同位元素による放射線障害に関する法律（放射線障害防止法）に基づく資格で，放射性同位元素あるいは放射線発生装置を取り扱う場合において，放射線障害の防止に関し監督を行う立場となります。この資格を取得された方は，放射線に関する基礎知識や専門知識を持った専門家として評価されますので，様々な分野で活躍されることが期待されます。

2）受験資格

　学歴，性別，年齢，経験などの制限は，一切ありません。

3）試験課目と試験時間等

（試験は一日で実施されます）

課目	問題数（試験時間）	問題形式
注意事項，問題配布	9：40～10：00	―
管理技術Ⅰ （物理学・化学・生物学）	6問（105分） 10：00～11：45	穴埋め（選択肢あり）
注意事項，問題配布	13：20～13：30	―
管理技術Ⅱ （物理学・化学・生物学）	30問（75分） 13：30～14：45	五肢択一
注意事項，問題配布	15：20～15：30	―
関係法令	30問（75分） 15：30～16：45	五肢択一

　この表からおわかりになりますように，105分の試験では6問，75分の試験では30問が出題されます。105分の試験では1問がそれぞれ複数の小問題に分かれ，主に与えられた選択肢から選ぶ形式となっています。これに対して，75分の試験の30問は基本的に五者択一の形式で，1問あたり平均で2.5分が与えられています。

　いずれにしても，十分に余裕のある試験時間とはいえないと思われますので，できる問題を早めに片づけて，難しい問題により多くの時間を使えるように工夫することも重要な受験技術と言えるでしょう。

4) 試験日

例年，8月下旬の1日（第1種試験の翌日）

5) 試験地（6ヶ所）

札幌，仙台，東京，名古屋，大阪，福岡

6) 受験の申込み

● 受験申込書の入手

窓口で入手する方法と郵送によるものとがあります。

● 窓口（入手先）一覧

窓口	住所と電話番号
公益財団法人　原子力安全技術センター 防災技術センター	上北郡六ヶ所村大字尾駮字野附1-67
	TEL 0175-71-1185
東北放射線科学センター	仙台市青葉区一番町1-1-30 南町通有楽館ビル4階
	TEL 022-266-8288
独立行政法人　日本原子力研究開発機構 東海研究開発センター　リコッティ	茨城県那珂郡東海村舟石川駅東3-1-1
	TEL 029-306-1155
公益社団法人　日本アイソトープ協会	文京区本駒込2-28-45
	TEL 03-5395-8021
一般社団法人　日本原子力産業協会	港区虎ノ門1-2-8 虎ノ門琴平タワー9階
	TEL 03-6812-7141
北陸原子力懇談会	金沢市尾山町9-13 商工会議所会館3階
	TEL 076-222-6523
勝木書店　本店	福井市中央1-4-18
	TEL 0776-24-0428
中部電力株式会社　浜岡原子力館	静岡県御前崎市佐倉5561
	TEL 0537-85-2424
中部原子力懇談会	名古屋市中区栄2-10-19 名古屋商工会議所ビル6階
	TEL 052-223-6616
公益財団法人　原子力安全技術センター 西日本事務所	大阪市西区靱本町1-9-15 近畿富山会館ビル9階
	TEL 06-6450-3320

一般財団法人　電子科学研究所	大阪市中央区北久宝寺町2-3-6
	非破壊検査ビル
	TEL 06-6262-2410
株式会社紀伊國屋書店　梅田本店	大阪市北区芝田1-1-3　阪急三番街
	TEL 06-6372-5821
ジュンク堂書店　姫路店	姫路市豆腐町222　プリエ姫路2F
	TEL 079-221-8280
四国電力株式会社	愛媛県松山市湊町6-1-2
原子力本部　原子力保安研修所	TEL 089-946-9957
九州エネルギー問題懇話会	福岡市中央区渡辺通2丁目1-82
	電気ビル共創館6階
	TEL 092-714-2318

●提出書類
（1）受験申込書一式
　　・放射線取扱主任者試験受験申込書　　　・写真票
　　・資格調査票　・郵便振替払込受付証明書
（2）写真
　　写真票に添付，申込者本人のみのもので，申込前一年以内に脱帽，無背景，正面を向き，上半身で撮影したもの。縦4.5cm×横3.5cm
●受付期間：4月に官報で告示があり，受付期間は5月中旬～6月下旬
●送り先
　　公益財団法人　原子力安全技術センター
　　主任者試験グループ
　　〒112-8604
　　東京都文京区白山5-1-3-101　東京富山会館ビル4F
　　電話：03-3814-7480

　　西日本事務所
　　〒550-0004
　　大阪府大阪市西区靱本町1-9-15　近畿富山会館ビル9F
　　電話：06-6450-3320
（窓口対応時間）土日祝日を除いて，10：00～12：00，13：00～17：00
　　　　　　　E-mail：shiken@nustec.or.jp

7）受験料

　　9,900円（変更される可能性もありますので，毎年の確認が必要です）

8）合格基準
- 試験課目ごと50％
- 全試験課目で60％

9）合格発表
- 10月下旬の官報　　●合格者に合格証の交付（不合格者には通知がありません）
- 文部科学省のホームページ
    http://www.mext.or.jp
- 財団法人原子力安全技術センターのホームページ
    http://www.nustec.or.jp

10）第2種放射線取扱主任者に与えられる資格
- ガンマ線透過写真撮影作業主任者：第2種放射線取扱主任者免状の交付を受けている場合には，都道府県労働局長に免許交付を申請することで，（無試験で）ガンマ線透過写真撮影作業主任者免許の交付を受けることができます。

11）第2種放射線取扱主任者に与えられる免除科目
- エックス線作業主任者：第2種放射線取扱主任者免状の交付を受けている場合には，受験申込書に記載することで，「エックス線の測定に関する知識」と「エックス線の主体に与える影響に関する知識」の2科目が免除されます。

参考）第1種放射線取扱主任者に与えられる資格
- エックス線作業主任者：第1種放射線取扱主任者免状の交付を受けている場合には，都道府県労働局長に免許交付申請をすることで，（試験を受けずに）エックス線作業主任者免許の交付を受けることができます。
- 作業環境測定士：第1種放射線取扱主任者免状を有し，事業者により第1種放射線取扱主任者に選任されている場合，または，資格取得後に放射性物質の濃度測定の実務に3年以上従事した経験を有する場合には，第1種・第2種作業環境測定士試験の共通科目および第1種作業環境測定士試験の選択科目「放射性物質（放射線）」の受験が免除されます。

他の資格をとる時にも役に立つんだね

本書の学習の仕方

　放射線取扱主任者試験に限りませんが，どの資格試験でもあきらめずにあくまでも続けて頑張ることが重要です。「継続は力なり」と言いますが，まさにそのとおりです。こつこつと努力されれば，たとえ時間がかかっても確実に実力がつきます。ぜひ頑張っていただきたいと思います。

　本書では，5分野のそれぞれをいくつかの節に分け，さらに各節において8問（基礎問題3問，標準問題3問，発展問題2問）を用意しております。本書の学習の方法につきましては，基本的に学習される皆さんが，ご自分の目的やニーズに合わせて，最適と思われる方法で取り組まれることがよろしいでしょう。

　目安として，本書では各節に次のような重要度ランクを設けております。

重要度A：出題頻度がかなり高く，とくに重要なもの
重要度B：ある程度出題頻度が高く，重要なもの
重要度C：それほど多くの出題はないが，比較的重要なもの

　また，各問題にも出題頻度に応じた重要度マークを設けてあります。

　　出題頻度 ― 非常に高い　　出題頻度 ― 高い　　出題頻度 ― 普通

　これらの重要度は，相対的なものではありますが，時間のないときには出題頻度の高いランクのものを優先して取り組むなど，学習にメリハリをつけるために参考にしていただいてもよろしいかと思います。また，巻末には周期表をつけていますので，必要に応じてご活用下さい。

> 問題に取り組んでみて，解けそうな問題と解けない問題に振り分ける作業も勉強の1つだよね。

受験前の心構えと準備

普通の試験と同じことですが，例えば次のようにご計画下さい。

① 事前の心構え

弱点対策を中心に，計画的に学習を進めるようにして下さい。

また，体調管理は大事です。受験の時期に風邪などをひかないように十分ご注意下さい。

② 直前の心構え

必要なもののチェックリストを作って確認するくらいの準備をして下さい（送付された受験整理票も忘れずに）。

試験会場の地図などもよく見ておき，当日にあわてないよう会場の位置などを下調べしておいて下さい。

前の日は，睡眠を十分に取りましょう。試験近くなって，残業やお酒の付き合いなどはできる限り避けましょう。

③ 当日の心構え

試験会場には，少なくとも開始時間の 30 分程度前には到着するよう出発しましょう。ご自分の席を早めに確認し，また，用便も済ませておきましょう。

あれもオーケー
これもオーケー

試験に臨んで

　試験会場では，はじまる前に深呼吸をして心を落ち着けましょう。試験になったら，時間配分をよく考えましょう。計算問題はそれほど多くないとは思いますが，もしあれば得意な人は先に片付けて，そうでない方は他の問題を先にやって時間を作りましょう。その時でも，後で残していることを忘れないようにしなければなりませんね。

　次にそれぞれの問題では，どのような解答形式になっているのか，何が問われているかをしっかり確認してから，問題文を丁寧に読んで，確実に除外できる選択肢を消してゆきましょう。それでもどうしてもわからない時は，「あてずっぽ」で答えて次の問題に進みます。一問でムヤミに時間を使わないことも一つの受験技術です。ただし，確実に印を付けておいて，後で時間が残った時や忘れていたことを思い出した時にすぐ探せるようにしておきます。

　最後に時間が足りなくなって手をつけていない問題がある場合は，これも解答しないで提出するより，「あてずっぽ」ででも解答しなければなりませんね。勿論，「あてずっぽ」で解答することは最後の最後の手段です。一つの問題に10分も20分もかけていてはその余裕もなくなってしまいますが，勉強された方なら問題を見ただけで正解が分かってしまう問題も結構あると思います。ですから，必ずしも順番に解かなければならないものでもありません。自信のある問題が目に付いたら，それから片付けていきましょう。そして，自信のなさそうなものを後に残すようにしてゆくことがコツかと思います。

　しかし，その場合には順番に解いていかない場合ですから，当然のことながら，解いた問題と残っている問題とが自分ですぐに分かるように，目印でも付けておかなければなりませんね。

リラックス！
リラックス！

第 1 章

放射線の物理学

なぁーに
少しずつやっていけば
大丈夫ですよ

1 単位および数学の基礎

重要度 A

基礎問題

問題 1

次に示す接頭語の付いた SI 単位とその読みの組合せにおいて，正しいものはどれか。
1　μkg（マイクロキログラム）　　2　mA（メガアンペア）
3　Mm（ミリメートル）　　4　mmg（ミリミリグラム）
5　MK（メガケルビン）

解説……………………………………………………………………………

接頭語を 2 つ併用することは禁じられています（**1**，**4**）。**1** では，SI の基本単位が kg ではありますが，それでも接頭語は重ねてはいけません。

また，m はメガでなくてミリ（**2**），M はミリでなくてメガ（**3**）です。

正解　5

問題 2

下記の A 欄に示す物象の状態の量について，SI 単位と併用する単位を含む単位の例を B 欄に，その SI 基本単位による表示を C 欄に記した。誤りを含む選択肢はどれか。

	A	B	C
1	体積流量	L/min	$m^3 \cdot s^{-1}$
2	面積	ha	m^2
3	質量	t	kg
4	角速度	°/s	$m \cdot s^{-1}$
5	速度	km/h	$m \cdot s^{-1}$

解説

4の角速度は時間（秒）当たりの角度ですから，rad / s となりますが，rad（ラジアン）は組立単位ですから，基本単位だけで表示すると（円弧の長さを半径の長さで割るという定義になっていて）rad は無次元になります。ですから，角速度は s^{-1} だけということになります。

1のL/ min のLはリットルです。リットルは以前は筆記体で ℓ と書きましたが，活字体になった時に l（エル）が 1（いち）と紛らわしいので，近年では大文字でLと書くことが推奨されています。

正解　4

問題 3

SI 単位系に関する記述において，正しいものを選べ。

1　SI 単位系の接頭語は 1 より大なることを示すものが大文字，1 より小なることを示すものが小文字で書かれる。
2　SI 単位系の接頭語は接頭辞とも呼ばれ，その最大のものは 10^{24} 倍を，最小のものは 10^{-24} 倍を示す。
3　SI 単位系の接頭語はすべてアルファベットの 1 文字からなっている。
4　SI 単位系の接頭語はすべて英語のアルファベットが用いられている。
5　SI 単位系の組立単位は，すべて固有名詞由来なので最初の文字は大文字で書かれる。

解説

1　接頭語の大文字小文字の区別は，1 を境にしていませんね。小さいほうから 10^3 を示すキロ k まで小文字で，10^6 を示すメガ以上が大文字となっています。
2　これが正しい記述になっています。SI 単位系の接頭語は接頭辞とも呼ばれ，その最大のものは 10^{24} 倍，最小のものは 10^{-24} 倍となっています。
3　実は，10 倍を示すデカ（da）だけは 2 文字となっています。
4　10^{-6} を示すマイクロだけはギリシャ語のアルファベットですね。

5 SI単位系の組立単位には，固有名詞から来ていないものもあり角度のラジアン（rad），立体角のステラジアン（sr），光束のルーメン（lm），照度のルクス（lx）などは小文字です。

正解 2

標準問題

問題 4
次に示す指数法則において誤っているものはどれか。
1. $a^m a^n = a^{m+n}$
2. $(a^m)^n = a^{m+n}$
3. $(ab)^n = a^n b^n$
4. $a^m \div a^n = a^{m-n}$
5. $\left(\dfrac{a}{b}\right)^n = \dfrac{a^n}{b^n}$

解説

これらはよく用いられる指数法則です。**2**の式がおかしいですね。これでは **1** と結果が同じになってしまいます。正しくは，
$$(a^m)^n = a^{mn}$$
でなくてはなりません。

正解 2

問題 5
次の式を計算すると結果はどのようになるか。
$$\log_A B \times \log_B C \times \log_C A$$
1. 1　　2. A　　3. B　　4. C　　5. ABC

解説

ここでは，次の公式を用いることが便利です。
$$\log_A B = \frac{\log_X B}{\log_X A}$$

なぜこういうことになるか，説明しておきましょう。かりに $\log_A B$ を Z と置いてみます。
$$Z = \log_A B$$
この対数を外しますと，logの定義によって，

$$A^Z = B$$

となりますが，一方，この式の両辺の対数を，底を X として取ってみますと，

$$\log_X A^Z = \log_X B$$

肩の上の Z は log の前に下ろすことができますので，

$$Z \log_X A = \log_X B$$

これより，

$$Z = \frac{\log_X B}{\log_X A}$$

これで，最初の公式が説明できたことになりますね。この式の X は，1以外の正の数であれば，なんでもいいのです。その時々で都合のよいものを持ってきてよいのです。ここでは X のままで計算してみましょう。

$$\log_A B \times \log_B C \times \log_C A = \frac{\log_X B}{\log_X A} \times \frac{\log_X C}{\log_X B} \times \frac{\log_X A}{\log_X C} = 1$$

別な見方として，与えられた式は A と B と C について対称式（A と B と C のどの二つを入れ替えても同じ式になる式）ですので，計算結果もその性質を持っていなければなりません。したがって，そのことからだけでも選択肢は 1 か 5 のいずれかでなければなりません。

正解　1

問題 6

次の式を微分する時，どのような結果となるか。

$$\exp(ax+b)$$

1　$a \exp(ax+b)$　　2　$\exp(ax+b)$
3　$\frac{1}{a} \exp(ax+b)$　　4　$b \exp(ax+b)$
5　$\frac{1}{b} \exp(ax+b)$

解説……………………………………………………………………

$\exp x$ という関数は e^x と同じものです。

$\exp x$ を x で微分しますと，不思議なことに，やはり $\exp x$ となります。本問は，その x の代わりに $ax+b$ が入っている式となります。その場合は後で，$ax+b$ を x で微分した結果（ここでは a ですね）を掛けて

おきます。

結局，正解は **1** の式となります。

正解　1

発展問題

問題 7

積分に関する次の文章の下線部の中で誤っている部分はどれか。

関数 $f(x)$ に対して，$f(x)$ を **1** 導関数として持つ関数 $f(x)$，つまり，
$$F'(x) = f(x)$$
であるような関数 $F(x)$ を $f(x)$ の **2** 原子関数という。$f(x)$ の一つの **2** 原子関数 $F(x)$ に対し **3** 任意の定数 c を加えた
$$F(x) + c$$
を $f(x)$ の **4** 不定積分という。$x = b$ の **4** 不定積分値から $x = a$ の **4** 不定積分値を引いたものを $f(x)$ の a から b までの **5** 定積分という。

解説

ずいぶん昔に読まれたかもしれない文章でしょうか。思い出すことができなくても，ゆっくりじっくり読んでみて下さい。きっと誤りが何であるかがおわかりになると思います。導関数とは，微分した結果の関数のことです。

正解は（**2**）の部分が原子関数ではなくて，原始関数であるということになります。放射線を扱う場合であっても「原子」ではないのです。

関数 $f(x)$ に対して，$f(x)$ を導関数として持つ関数 $F(x)$，つまり，
$$F'(x) = f(x)$$
であるような関数 $F(x)$ を $f(x)$ の原始関数といいます。$f(x)$ の一つの原始関数 $F(x)$ に対し任意の定数 c を加えた
$$F(x) + c$$
を $f(x)$ の不定積分といいます。$x = b$ の不定積分値から $x = a$ の不定積分値を引いたものを $f(x)$ の a から b までの定積分といいます。

正解　2

問題 8

次の微分方程式を，$x(0) = x_0$ という初期条件で解くとどのような結果となるか。

$$\frac{dx}{dt} = e^t$$

1　$e^t + x_0$　　　2　$e^t - x_0$　　　3　$e^t + 1 - x_0$
4　$e^t + 1 + x_0$　　5　$e^t - 1 + x_0$

解説………………………………………………………………………………

与えられた方程式を変形して，順次解いていきましょう。まず，x と t とを左右両辺に分離します。

$$dx = e^t dt$$

これを積分します。

$$\int dx = \int e^t dt$$

これより，

$$x = e^t + c$$

ここで，初期条件を代入しますと，$e^0 = 1$ ですから，

$$x_0 = 1 + c$$
$$c = x_0 - 1$$

よって，

$$x = e^t - 1 + x_0$$

正解　5

数式の計算はけっこう難しそうですね

うむ，そうかもしれないけど数式の計算が難しいと思うなら結果だけをよく見るとか意味がわからなくても形式的に理解することでどうでしょう

ちょっと一休み

〈勉強時間のひねり出し方〉

　資格試験の準備のためには，ある程度の学習時間が必要ですね。学生の方は比較的時間が取りやすいと思いますが，社会人の方は時間をひねり出すのが難しい場合が多いのではないでしょうか。

　土曜や日曜の休日を使うことが一般的かも知れませんが，平日の夜の時間や朝早く起きて頑張るという方もおられるかと思います。

　私の例ですが，私は通勤時間を利用していました。そうは言っても満員電車ではとても何もできませんので，時差出勤をしていました。少し早い時間で必ず座れる時に電車に乗りました。電車の中が私の書斎になりました。すると，会社についても始業までの間に新しい時間が生まれてきます。これなども勉強に当てることができました。

　普通には時間のひねり出しはなかなか難しいことと思いがちですが，考えれば，いろいろな工夫があると思います。お体に気をつけて頑張っていただきたいと思います。

2 原子・原子核と放射線

重要度 A

基礎問題

問題 1

図の A～E が原子を構成するものを表しているとすると，それぞれに対する正しい用語の組合せはどれになるか。

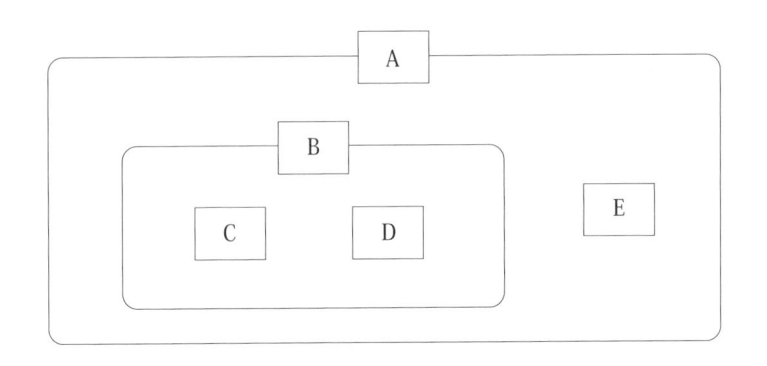

```
       ┌─────────────────────────────────────┐
       │              ┌─A─┐                  │
       │   ┌──────────┴───┴──────────┐       │
       │   │        ┌─B─┐            │  ┌─E─┐│
       │   │   ┌─C─┐└───┘┌─D─┐       │  └───┘│
       │   │   └───┘     └───┘       │       │
       │   └─────────────────────────┘       │
       └─────────────────────────────────────┘
```

	A	B	C	D	E
1	原子核	原子	陽子	電子	中性子
2	原子核	原子	中性子	電子	陽子
3	原子	電子	陽子	中性子	原子核
4	原子	陽子	中性子	原子核	電子
5	原子	原子核	陽子	中性子	電子

解説

Aは原子の全体ですので，これが原子になりますね。また，原子は原子核と電子に分かれますので，BとEが原子核と電子になります。原子核の中に，陽子と中性子とがありますので，Bが原子核，そして，その中のCとDが（CとDはどちらでもよいのですが）陽子と中性子になります。Eが電子ですね。

5が正解となります。

正解 5

問題2
原子の成り立ちに関する次の文章に関し，誤っているものはどれか。
1　陽子数と質量数で分類した原子核の種類を核種と呼ぶ。
2　原子質量単位は炭素同位体 ^{12}C の原子核の質量を 12u として定義する。
3　原子質量単位の 1u は，1g をアボガドロ数で割ったものになる。
4　中性子数が同じで陽子数の異なる核種を同中性子体という。
5　陽子の数が等しくて，中性子の数が異なる原子どうしを，同位元素という。

解説
1　記述のとおりです。陽子数と質量数で分類ということは，陽子数と中性子数で分類ということと実質的に同じですね。
2　原子質量単位は炭素同位体 ^{12}C の原子核ではなくて，原子そのものの質量（電子を含む質量）を 12u として定義します。
3，4　いずれも記述のとおりです。原子質量単位の 1u は，1g をアボガドロ数（1モルの粒子数）で割ったものになります。また，中性子数が同じで陽子数の異なる核種を同中性子体といいます。
5　やはり記述のとおりです。同位元素は，アイソトープともいいます。

正解 2

問題3
エネルギー関連の次の文章において，下線部の中で誤っているものはどれか。

　エネルギーの単位は<u>1ジュール</u>［J］であり，1Jは<u>12ニュートン</u>の力で1mの仕事をしたときのエネルギーである。また，電気的な位置エネルギーの場において，1Vの電位に<u>13クーロン</u>の電荷が置かれる時，その位置エネルギーは1Jとなる。原子レベルでのエネルギーはJJ単位では扱いにくいので，<u>4素電荷</u>を基にするエレクトロンボルト［<u>5eB</u>］が用いられる。<u>4素電荷</u>は陽子や電子の電荷のことであって 1.6×10^{-19} なので，

22

次の関係が成り立つ。
　　　　　15 eB = 1.6×10⁻¹⁹J

解説 ··

　エレクトロンボルトの表記はeBではなくて，eVです。したがって，5が誤りとなります。
　エネルギーの単位はジュール［J］であり，1Jは1ニュートン［1N］の力で1mの仕事をしたときのエネルギーです。また，電気的な位置エネルギーの場において，1Vの電位に1クーロン［C］の電荷が置かれる時，その位置エネルギーは1Jとなります。原子レベルでのエネルギーはJ単位では扱いにくいので，素電荷を基にするエレクトロンボルト［eV］が用いられます。素電荷は陽子や電子の電荷のことであって1.6×10⁻¹⁹なので，次の関係が成り立ちます。
　　　　　1eV = 1.6×10⁻¹⁹J

　　　　　　　　　　　　　　　　　　　　　　　　　　　正解　5

　　　　　　　　　机の上に正負の電荷が置かれて
　　　　　　　　　互いに引き合っている状態を
　　　　　　　　　何というか知っていますか？

　　　　　　　　　ははあ、
　　　　　　　　　それは机上（きじょう）の
　　　　　　　　　空論（クーロン）
　　　　　　　　　というやつですね（笑）

標準問題

問題4

　トリチウムの質量は，電子の質量のおよそ何倍に相当するか。近いものを選べ。
　1　5,000倍　2　5,500倍　3　6,000倍　4　6,500倍　5　7,000倍

解説 ··

　トリチウムとは，三重水素（³H）のことです。ですから，陽子が1個，中性子が2個で原子核ができています。電子の質量は陽子や中性子の

2　原子・原子核と放射線　23

質量のおよそ 1/1,840 ですから，トリチウムの質量は，電子の
1,840×3 = 5,520 倍
となります。

正解 2

問題 5
　原子の構成に関する次の文章の下線部で誤っているものはどれか。
　物質をどんどんと細かく切り分けて小さくしていくと，そのうちに原子に至る。原子の半径は **1 およそ 10^{-10} m** である。原子の中心には原子核があって **2 正の電荷を帯びており**，その半径は **3 10^{-15}〜10^{-14} m 程度**である。負電荷を持つ電子がその周囲を飛び回っていて，原子核とともに原子を形成している。原子核はさらに正電荷の陽子と電荷を持たない中性子とに分かれているが，この陽子と中性子を合わせて核子と呼んでいる。核子どうしは，**4 反陽子をやり取りする**ことにより生じる核力で強固に結合しているが，電子は原子核と静電的な力である **5 クーロン力**によって引き合い，原子核に束縛されている。

解説
　4 のところは反陽子のやり取りではありません。反陽子は陽子と合体すると消滅してしまう反物質です。ここは「中間子のやり取り」が正しい用語となります。
　物質をどんどんと細かく切り分けて小さくしていきますと，そのうちに原子に至ります。原子の半径はおよそ 10^{-10} m です。原子の中心には原子核があって正の電荷を帯びており，その半径は 10^{-15}〜10^{-14} m 程度です。負電荷を持つ電子がその周囲を飛び回っていて，原子核とともに原子を形成しています。原子核はさらに正電荷の陽子と電荷を持たない中性子とに分かれていますが，この陽子と中性子を合わせて核子と呼んでいます。核子どうしは，中間子をやり取りすることにより生じる核力で強固に結合していますが，電子は原子核と静電的な力であるクーロン力によって引き合い，原子核に束縛されています。

正解 4

問題6

0.4eV のエネルギーを持つ中性子の速度は，次のどれに最も近いか。ただし，中性子の質量を 1.67×10^{-27} kg，$1eV = 1.60 \times 10^{-19}$ J とする。

1　2.4×10^3 m / s 　　2　3.6×10^3 m / s 　　3　5.0×10^3 m / s
4　7.6×10^3 m / s 　　5　8.8×10^3 m / s

解説

中性子の速度を v [m / s] としますと，運動エネルギー E は，$\frac{1}{2}mv^2$ ですから，

$$0.4\text{eV} \times 1.60 \times 10^{-19} \text{J·eV}^{-1} = \frac{1}{2} \times 1.67 \times 10^{-27} \text{kg} \times v^2 \text{[m / s]}^2$$

ここで，1J = 1kg·m² / s² ですから，
$v^2 = 76.6 \times 10^6$
∴ $v = 8.75 \times 10^3$ m / s

正解　5

発展問題

問題7

光は光量子とも光子ともいわれるが，そのエネルギーが，$1\text{eV}(= 1.60219 \times 10^{-19} \text{J})$ の時の振動数，波長，および，波数は次のどれに最も近いか。ただし，プランク定数を 6.6262×10^{-34} J·s，光速を 3×10^8 m / s とする。

	振動数	波長	波数
1	1.2×10^{14} s^{-1}	2,500nm	4.0×10^5
2	2.4×10^{14} s^{-1}	1,240nm	8.0×10^5
3	4.8×10^{14} s^{-1}	620nm	1.6×10^6
4	9.6×10^{14} s^{-1}	310nm	3.2×10^6
5	1.9×10^{15} s^{-1}	155nm	6.4×10^6

解説

まず，エネルギー E は $h\nu$ ですから，

$$\nu = \frac{E}{h} = \frac{1\mathrm{eV}}{h} = \frac{1.60219 \times 10^{-19}\mathrm{J}}{6.6262 \times 10^{-34}\mathrm{J\cdot s}} = 2.42 \times 10^{14}\mathrm{s}^{-1}$$

次に，λ を波長として光速 $c = \lambda\nu$ ですから，

$$\lambda = \frac{c}{\nu} = \frac{3 \times 10^{8}\mathrm{m/s}}{2.41797 \times 10^{14}\mathrm{s}^{-1}} = 1.240 \times 10^{6}\mathrm{m} = 1,240\mathrm{nm}$$

波数 k は，波長の逆数ですから，

$$k = \frac{1}{\lambda} = \frac{1}{1,240\mathrm{nm}} = 8.07 \times 10^{5}\mathrm{m}^{-1}$$

これらのようにそれぞれの数値に単位を付けて計算しますと，計算ミスが防ぎやすくなります。

正解 2

むつかしい計算問題の解き方については，まず，その分野の基本法則や基本原理を学習しておくことが基本ですね
その上で，問題を解く時に次のように考えたらどうでしょう

1） おおざっぱに問題文を読んでみて，どの分野のものか見てみましょう
2） 次に，問題文を熟読しましょう。一文ずつしっかり読んでできるだけ図や表に書いてみて，問題の内容を把握しましょう
3） その分野の基本法則や基本原理を思い出しましょう
4） 選択肢をよく見てみよう。選択肢には意外にも多くのヒントがあることがありますよ
5） これらのことを総合して，問題の解き方に迫る努力をしてみましょう

問題8

物質とエネルギーの変換により，1gの物質が完全にエネルギーになったとき，石炭でいえばおよそ何tに相当するエネルギーを出すか。ただし，光速を 3.0×10^8 m／s，石炭は1g当たり **30kJ** の発熱をするものとする。

1 1,000t　**2** 2,000t　**3** 3,000t　**4** 4,000t　**5** 5,000t

解説

物質とエネルギーの変換式は，光速を c として，次のようになります。

$$E = mc^2$$

したがって，$m = 1\text{g} = 10^{-3}\text{kg}$ と $c = 3.0 \times 10^8$ m／s から，

$$E = 10^{-3}\text{kg} \times (3.0 \times 10^8 \text{m／s})^2 = 9 \times 10^{13} \text{J}$$

また，石炭の発熱量が 30kJ／g ということなので，これで割って，

$$9 \times 10^{13} \text{J} \div 30\text{kJ／g} = 9 \times 10^{13} \text{J} \div 30 \times 10^3 \text{J／g} \div 10^6 \text{g／t}$$
$$= 3 \times 10^3 \text{t}$$

t はトンという重さの単位で，1,000kgに当たりましたね。

正解　**3**

3 核壊変と放射線

重要度 B

基礎問題

問題 1
次に示す各種放射線のうち，荷電粒子線でないものはどれか。
1　陽子線　　2　中性子線　　3　電子線
4　α 線　　　5　β 線

解説

荷電粒子線とは，名前の通り，荷電粒子（電荷を帯びている粒子）のビームです。陽子と α 線（α 壊変に起因するヘリウム原子核）は正電荷を，電子と β 線（β 壊変に起因する電子ビーム）は負電荷を帯びています。中性子線は名前の通り電気的に中性です。まとめますと，以下のようになります。

・荷電粒子線（α 線，β 線，電子線，陽子線など）
・非荷電粒子線（中性子線）
・電磁放射線（γ 線，X 線）

正解　2

電磁放射線とは，電磁波の中で放射線として扱われるものをいうんですね

問題 2
放射線壊変には多くの様式があるが，それぞれの原子番号や質量数の変化についてまとめた表において，誤っているものはどれか。

選択肢	壊変様式	原子番号の変化	質量数の変化
1	α 壊変	-2	-4
2	β^- 壊変	$+1$	0
3	β^+ 壊変	-1	0
4	軌道電子捕獲	-1	0
5	核異性体転移	$+1$	0

解説

α 壊変については，ヘリウム原子核が飛び出しますので，問題にありますように，原子番号が2つ減り，質量数が4つ減るという変化となります。

しかし，5の核異性体転移は，核の中の陽子と中性子の数には変化がありませんので，（数は変化がないのですが，配置が変化します）陽子数の変化がないということで，原子番号も変わりません。

正しい表を掲載します。いま一度，確認をお願いします。

選択肢	壊変様式	原子番号の変化	質量数の変化
1	α 壊変	-2	-4
2	β^- 壊変	$+1$	0
3	β^+ 壊変	-1	0
4	軌道電子捕獲	-1	0
5	核異性体転移	0	0

正解　5

問題3

β^+ 壊変を表現する式として正しいものはどれか。ただし，n，p，β^-，β^+，ν，$\bar{\nu}$ はそれぞれ，中性子，陽子，陰電子，陽電子，ニュートリノ，反ニュートリノを示すものとする。

1　$p \rightarrow n + \beta^+$　　2　$p \rightarrow n + \beta^+ + \nu$　　3　$p \rightarrow n + \beta^+ + \bar{\nu}$
4　$p \rightarrow n + \beta^- + \nu$　　5　$p \rightarrow n + \beta^- + \bar{\nu}$

3　核壊変と放射線　29

解説

β⁺壊変とは，中性子が相対的に足りない（陽子が過剰な）原子核において，陽子pが中性子nに変化して安定になる変化です。その際に，陽電子とニュートリノを放出します。したがって，正解は **2** となります。

陰電子とは聞き慣れない言葉かもしれませんが，普通の電子のことです。

正解 **2**

標準問題

問題 4

内部転換と競合する現象は，次のうちのどれか。

1　α線放出　　　2　β線放出　　　3　γ線放出
4　特性X線放出　　5　ニュートリノ放出

解説

競合する現象とは，同時に起こる別の現象ということになります。

核異性体転移が起きる場合には通常γ線放出に至りますが，それが起こらずにγ線として放出すべきエネルギーを軌道電子に与え，これを原子外に叩き出すのが内部転換といわれる現象です。核異性体転移からγ線放出に至る現象と内部転換とが競合関係にあるとされます。**3** が正解です。

> X線というのは
> レントゲンが発見したんだそうですね

> そうですね
> 発見当時は未知の放射線ということで
> 方程式の未知数を意味するXを
> 名前にしたそうですね

正解 **3**

問題 5

内部転換，あるいは，軌道電子捕獲壊変に関する文章のうち，誤っているものはどれか。

1　軌道電子捕獲壊変はECとも略されるが，これはβ壊変に分類され

る。
2 軌道電子捕獲壊変とは，原子核内の中性子が軌道の電子を捕えて陽子に変わり，ニュートリノを放出する現象である。
3 軌道電子捕獲壊変が起きると，原子番号が1つ減少する。
4 内部転換においては，ニュートリノが放出されることはない。
5 内部転換は原子番号の大きいものほど起こりやすい。

解説
1 正しい記述です。軌道電子捕獲壊変は EC とも略されますが，これは β 壊変に分類されます。
2 これが誤りです。軌道電子捕獲壊変は，原子核内の陽子が軌道の電子を捕えて中性子に変わり，ニュートリノを放出することです。中性子（電荷±0）が電子（電荷−1）を捕えても，電荷的に陽子（電荷＋1）にはなりませんね。
3〜5 これらはいずれも正しい記述です。

正解 2

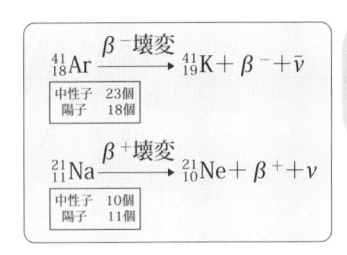

$^{41}_{18}Ar \xrightarrow{\beta^-壊変} ^{41}_{19}K + \beta^- + \bar{\nu}$
中性子 23個
陽子 18個

$^{21}_{11}Na \xrightarrow{\beta^+壊変} ^{21}_{10}Ne + \beta^+ + \nu$
中性子 10個
陽子 11個

陽子より中性子が多い時は β⁻壊変を起こしやすくて中性子のほうが少ないと β⁺壊変が起きやすいんですね

問題 6

オージェ電子放出現象と競合する変化は，次のうちのどれか。
1 特性 X 線放出　　2 α 線放出　　3 β 線放出
4 γ 線放出　　　　5 ニュートリノ放出

解説
問題 4 でも出てきましたが，競合とは，条件によっていずれか一方が起こる現象です。5 のニュートリノ放出は軌道電子捕獲壊変が起きた際に，オージェ電子放出と競合します。

正解 5

発展問題

問題7

次の各現象において，軌道電子と直接には関係のないものはどれか。
1　β^-壊変　　2　光電効果　　3　オージェ効果
4　内部転換　　5　電離

解説..

それぞれについて解説しますと，次のようになります。
- β^-壊変：原子核の内部から電子が放出される現象ですが，軌道電子とは直接のかかわりはありません。
- 光電効果：電磁波（光子）が原子に入射して，その軌道電子を飛び出させる現象です。
- オージェ効果：内側の空電子軌道に対して，より外側の電子が転移し，その際に両軌道のエネルギー差に相当する電磁波を特性X線として放出しますが，特性X線が出る代わりにそのエネルギーを軌道電子がもらって飛び出す現象をいいます。飛び出す原子をオージェ電子といいます。
- 内部転換：原子核の過剰なエネルギーをγ線として放出する代わりに，そのエネルギーを軌道電子が受けて飛び出します。
- 電離：イオン化ともいわれるもので，軌道電子の一部が原子のそとに飛び出して，原子が正電荷を帯びる作用をいいます。

正解　1

問題8

次に示す核融合反応の式において，誤っているものはどれか。
1　$d+d \to n+{}^3He$　　2　$d+d \to p+t$
3　$d+t \to n+{}^3He$　　4　$d+{}^3He \to p+{}^4He$
5　$d+{}^6Li \to 2{}^4He$

解説••

dおよびtは，それぞれ重水素および三重水素です。また，nおよびpは中性子，および，陽子ですね。これらを原子番号と質量数を入れて書いてみます。すなわち $d \to {}^2_1H$　$t \to {}^3_1H$，および $n \to {}^1_0n$　$p \to {}^1_1H$ と書きますと，次のようになります。

1　${}^2_1H+{}^2_1H \to {}^1_0n+{}^3_2He$
2　${}^2_1H+{}^2_1H \to {}^1_1H+{}^3_1H$
3　${}^2_1H+{}^3_1H \to {}^1_0n+{}^3_2He$
4　${}^2_1H+{}^3_2He \to {}^1_1H+{}^4_2He$
5　${}^2_1H+{}^6_3Li \to 2{}^4_2He$

これらの式において，質量数と原子番号（陽子数）を左辺と右辺において比較してみますと，3の式で質量数が左右で異なっていることがわかります。5は正しくは，次のようになっていなければなりません。

${}^2_1H+{}^3_1H \to {}^1_0n+{}^4_2He$

これで，2+3 = 1+4 となって左右の質量数が等しくなります。すなわち，正しい式は次のとおりです。

$d+t \to n+{}^4He$

正解　3

4 放射線と物質との相互作用

重要度 C

基礎問題

問題 1

ある γ 線が鉛板に入射した際の線減弱係数が 1.5cm^{-1} であったとすると，この時の鉛板の半価層として最も近いものは次のうちのどれか。

1　0.24cm　　2　0.32cm　　3　0.46cm　　4　0.58cm　　5　0.72cm

解説

半価層を $x_{1/2}$ と書きますと，線減弱係数 μ との間に次の関係があります。

$$\mu x_{1/2} = \ln 2$$

したがって，$\mu = 1.5 \text{cm}^{-1}$ と $\ln 2 = 0.693$ より，

$$x_{1/2} = 0.693 \div 1.5 = 0.462 \text{cm}$$

正解　3

問題 2

電磁放射線に関する次の記述において，誤っているものはどれか。

1　電磁放射線の運動量は，そのエネルギーに比例する。
2　レイリー散乱において，散乱前後の光子エネルギーはほとんど変化しない。
3　光電効果が起こると特性 X 線が発生することがある。
4　電磁放射線が，原子や分子の近くを通る場合，その付近の電場や磁場に影響を与えるが，そのため，軌道電子が影響を受け，電磁放射線のエネルギーが，軌道電子を原子核に束縛しているエネルギーより大きい場合には，軌道電子が原子核からの束縛に打ち勝って飛び出すことになる。これを電磁効果と呼んでいる。
5　消滅放射とは，物質と反物質が合体して物質の双方が消滅することをいう。消滅放射で残るのはそれまでの静止エネルギーが，光子に転換さ

れて電磁波としての放射エネルギーだけとなる。

解説

1 電磁放射線の運動量は，エネルギーを $h\nu$ としますと，光速を c として，$h\nu/c$ になります。正しい記述です。
2 入射光子のエネルギーが電子の静止エネルギーに比べてかなり小さい時，散乱光子のエネルギーは近似的に入射時のエネルギーに近くなり，この場合をレイリー散乱（光子が非拘束の自由電子に当たる場合にはトムソン散乱）と呼んでいます。つまり，電磁波がエネルギーをほとんど失うことなく，ただ方向だけが変化する散乱になります。
3 光電効果に伴って，空いた電子軌道に他の軌道からの電子遷移が起き，特性 X 線が発生することがあります。
4 問題のような現象は電磁効果とは言われません。光電効果と呼ばれています。
5 電子対生成において生じた陽電子が通常の電子と合体して消滅放射が起きます。粒子は消滅して，放射線が放射されます。

正解 4

問題 3

ある α 線の 4℃ 水中における飛程が 49 μm であったという。この α 線の空気中での飛程はどの程度と見積もられるか。最も近いものを選べ。

1　1.0cm　　2　2.0cm　　3　3.0cm　　4　4.0cm　　5　5.0cm

解説‥‥‥‥‥‥‥‥‥‥‥‥‥‥‥‥‥‥‥‥‥‥‥‥‥‥‥‥‥‥‥‥‥‥‥‥

媒質が異なった場合も，密度で換算しますと他の媒質での飛程が推定できます。媒質AおよびBの飛程をそれぞれ，R_AおよびR_Bとし，またそれぞれの密度をρ_Aおよびρ_Bとしますと，次の関係が成り立ちます。

$$R_A \rho_A = R_B \rho_B$$

この問題で，Aを空気，Bを水としますと，それぞれの密度は以下のようになります。（これらは与えられる場合もありますが，頭に入れておかれるとよいでしょう。）

$\rho_A = 0.00129 \text{g}\cdot\text{cm}^{-3}$

$\rho_B = 1.0 \text{g}\cdot\text{cm}^{-3}$

与えられているのは，$R_B = 49\mu\text{m} = 4.9 \times 10^{-3}\text{cm}$ですから，求める水中の飛程は，

$$R_A = R_B \rho_B / \rho_A = 4.9 \times 10^{-3} \times 1.0 / 0.00129 = 3.8\text{cm}$$

正解　4

標準問題

問題4

次の式のうち，半減期と壊変定数の関係を正しく示すものはどれか。

1　$T = \lambda \ln 2$　　2　$\lambda = T \ln 2$　　3　$T\lambda = \ln 2$
4　$T + \lambda = \ln 2$　　5　$(T\lambda)^2 = \ln 2$

解説‥‥‥‥‥‥‥‥‥‥‥‥‥‥‥‥‥‥‥‥‥‥‥‥‥‥‥‥‥‥‥‥‥‥‥‥

半減期は名前からもわかりますように単位は時間でなければなりません。それに対して，壊変定数は次の基本式からわかりますが，時間の逆数となります。

$$dN/dt = -\lambda N$$

したがって，半減期と壊変定数を掛けたものは無次元となります。これにより1，2，4は消えます。あとは，3か5のいずれかを選ばなければなりませんが，上の基本式を解いた次式に対して，

$$N = N_0 \exp(-\lambda t)$$

半減期の意味から$t = T$の時，$N = N_0/2$であることから，

$$N_0/2 = N_0 \exp(-\lambda T)$$

これを整理すれば，3の式になります。この式を覚えておくと，かな

りの問題がスムーズに解けて，便利です。

正解　3

半減期っていうのは元気が半分になるまでの時間のことですか？

まぁそんなものでしょう

問題 5
次の現象のうち，電磁放射線と物質との相互作用に直接的には関係のないものはどれか。
1　コンプトン散乱　　2　レイリー散乱　　3　電子対生成
4　ラザフォード散乱　5　光電効果

解説……
電磁放射線というのは，光子（電磁波）のうち物質に電離を起こさせる力のあるもののこと，具体的にはX線とγ線のことをいいます。
1　コンプトン散乱は，電磁放射線が原子や分子の近くを通過する際に，光子が電子軌道と衝突して，運動エネルギーの一部を電子に与えて弾き飛ばしますが，これをいいます。
2　レイリー散乱は，入射光子のエネルギーが電子の静止エネルギーに比べてかなり小さい時のコンプトン散乱です。
3　電子対生成とは，電磁放射線のエネルギーが1.02MeV（電子2個の静止エネルギー）を超えるレベルの場合，原子の近くを通過する際に，原子核のクーロン場（電場）で光子が消滅して，電子（通常の電子，陰電子）と陽電子が一対生成させることです。
5　光電効果は，電磁放射線が，原子や分子の近くを通る場合，その付近の電場や磁場に影響を与え，軌道電子が原子核からの束縛から逃れて飛び出すこと（電子を飛び出させること）をいいます。
これらに対して，4のラザフォード散乱は，クーロン力による荷電粒

子の原子核による散乱のことで，ラザフォードはこれによって原子核が非常に小さいことを見出しました。

正解　4

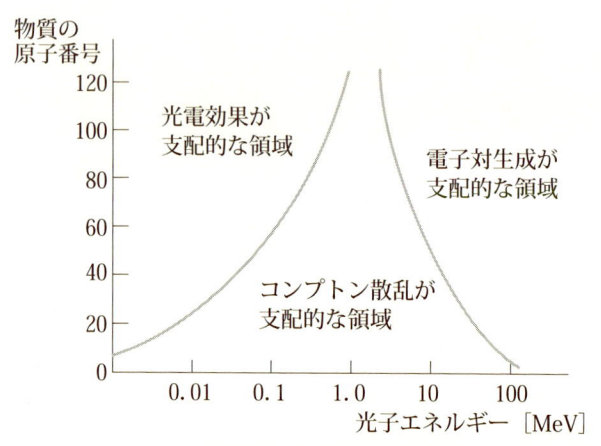

図　電磁放射線と物質の相互作用

問題6

α線照射によって断熱環境下にある水に5Gyの吸収線量が与えられた時，水の平均温度上昇幅［℃］として最も近いものはどれか。ただし，水の比熱は$4.2 \times 10^3 J \cdot ℃^{-1} \cdot kg^{-1}$であり，照射によるエネルギーはすべて水に与えられるものとする。

1　0.0002℃　**2**　0.0006℃　**3**　0.0012℃
4　0.0016℃　**5**　0.0022℃

解説

吸収線量ということですから，水の量はわからなくても計算できます。与えられた5Gyは$5J \cdot kg^{-1}$ということですので，これを水の比熱$4.2 \times 10^3 J \cdot ℃^{-1} \cdot kg^{-1}$で割って求めます。

$$5J \cdot kg^{-1} \div (4.2 \times 10^3 J \cdot ℃^{-1} \cdot kg^{-1}) = 0.0012℃$$

正解　3

発展問題

問題 7

電子対生成に関する次の文章において，正しいものはどれか。
1 電子対生成の断面積は，物質の原子番号には無関係である。
2 消滅放射線が発生するのは，電子対生成の起きた場所においてである。
3 電子対生成が生じると，特性X線が放射される。
4 電子対生成で生じた陰電子と陽電子のそれぞれの運動エネルギーは一般に異なっている。
5 電子対生成が起きると，陽電子と電子とは互いに正反対の方向に放出される。

解説

電磁放射線のエネルギーが 1.02 MeV（電子2個の静止エネルギー）を超えるレベルになりますと，電磁放射線が原子の近くを通過する際に，原子核のクーロン場（電場）で光子が消滅して，電子（通常の電子，陰電子）と陽電子が一対生成することになります。これが電子対生成です。

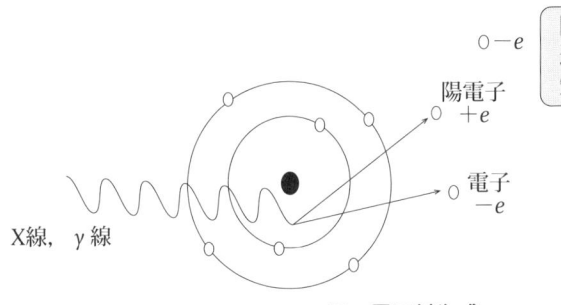

図 電子対生成

1 電子対生成断面積（現象の起こる確率）は，物質の原子番号（電子数）の2乗に比例しますので，無関係ではありません。原子番号とは物性の状態を表さないような感覚があるかと思いますが，電子密度と考えて下さい。原子番号は陽子数あるいは電子数を表しています。誤りです。
2 消滅放射線が発生するのは，電子対生成の起きた場所ではなくて，陽

電子が飛んでいって電子（陰電子）とぶつかったところです。
3 　電子対生成が起きて放出されるのは，特性X線ではなくて，陽電子が電子と合体して放出される消滅放射線です。
4 　これが正しい記述になっています。
5 　電子対生成時点で陽電子と電子とは互いに正反対の方向に放出されるとは限りません。正反対の方向に放出されるのは，陽電子が他の電子に衝突して消滅する際の2個の光子（0.51MeV×2）です。これが消滅放射と呼ばれるものです。

正解　4

問題8
中性子に関する記述として，誤っているものはどれか。
1 　中性子は，熱中性子，熱外中性子，光速中性子などに区分される。
2 　中性子は，光子と同様に，回折現象を起こす。
3 　中性子は，原子核と核反応を起こす。
4 　核分裂中性子の平均エネルギーは，およそ2MeV程度である。
5 　速い中性子は，重い原子核より軽い原子核によって減速されやすい。

解説
1 　光速中性子という区分はありません。正しくは，高速中性子です。中性子は，熱中性子，熱外中性子，高速中性子（速い中性子，速中性子）などに区分されます。誤りです。
2 　中性子も波の性質を持っていますので，とくに低エネルギーの中性子ほど回折現象を起こします。
3 　中性子には電荷がありませんので，クーロン力で相互作用をしませんが，衝突することによって原子核と核反応を起こします。
4，5 　これらも記述のとおりです。核分裂中性子の平均エネルギーは，およそ2MeV程度です。また，速い中性子は，重い原子核より軽い原子核によって減速されやすいです。

正解　1

ちょっと一休み

〈日本笑い学会〉

　日本に「日本笑い学会」という学会があるそうですが，ご存知でしょうか。「日本お笑い学会」なら落語家や漫才師が集まっていそうなものですが，「お」の字が取れていることで，「笑い」を学問の対象にしようという人々の集まりになっているそうです。面白いですね。

　人間の「笑い」は，人間活動のさまざまな場面に出現する現象なので，心理学，哲学はもちろん，社会学，文学，演劇，医学，生物学など極めて多くの分野が関係する領域なのだそうです。

　当然のことながら，「笑いの研究」は，「人がなぜ笑うようになったか」，「何が笑いを引き起こすのか」，あるいは，「笑いの効用」など多岐にわたっているということで，古くて新しい学問領域なのでしょう。

　つい笑ってしまいそうな，面白そうな学会ですね。

第2章

放射線の化学

放射線の化学は
普通の化学に比べたら
とっても狭い化学ですから
あまり心配しなくてもいいですよ

1 化学の基礎

重要度 A

基礎問題

問題1

炭素 24.0g が完全燃焼して発生する気体の体積は標準状態でどれだけか。ただし，炭素の分子量は 12.0 とし，気体の1モルは標準状態で 22.4L（リットル）の体積を占めるものとする。

1　11.2L　　2　22.4L　　3　33.6L　　4　44.8L　　5　56.0L

解説

まず，反応式を考えます。完全燃焼するという反応は，酸素と反応してこれ以上燃えないレベル（二酸化炭素，CO_2）になるということです。一酸化炭素（CO）までの燃焼もありえますが，それではまだ燃えますので完全燃焼にはなりませんね。

結局，反応式は，

$$C + O_2 \rightarrow CO_2$$

となります。分子量 12.0 の炭素が 24.0g あるのですから，これは 2.0 モルです。炭素1モルから二酸化炭素が1モル発生することが，反応式から分かりますので，ここでは 2.0 モルの二酸化炭素が生じます。1モルの気体は標準状態（0℃，1気圧）で 22.4L を占めるのですから，2.0 モルの二酸化炭素はその 2.0 倍で，44.8L の体積を占めることになります。

正解　4

問題2

モルに関する次の記述の中で，誤っているものを選べ。ただし，原子量は，H = 1，O = 16 とする。

1　A [mol] の水の中に，酸素原子は $16A$ [g] だけ含まれる。
2　分子量は通常は単位のない数値で扱われるが，モル質量という量は分

子量と同じ数値に［g / mol］という単位をつけて扱う。
3　1,000mol の酸素も 1,000mol の水素も標準状態では 22.4m³ を占める。
4　ベンゼンの 10mol とトルエンの 40mol の混合液中のベンゼンのモル濃度はパーセントで表示して，20mol% である。
5　1mol の氷と 1mol の水蒸気では氷のほうが質量は大きい。

解説………………………………………………………………………
　5 が誤りですね。1mol であれば氷でも水蒸気でも質量は 18g です。その他の記述はそれぞれ正しいですね。
　また，3 について，標準状態の m³ を m³$_N$ と書くことがあります。この N は normal の意味です。

正解　5

問題 3
　質量が w ［kg］の理想気体の圧力を P ［Pa］，分子量を M ［-］，体積 V ［m³］を，絶対温度を T ［K］とすると，気体定数 R ［J / (mol·K)］を用いてこの気体の状態方程式はどのように書かれるか。正しいものを選べ。

1　$PV = \dfrac{M}{w}RT$　　　2　$PT = \dfrac{M}{w}RV$
3　$PV = \dfrac{w}{M}RT$　　　4　$PT = \dfrac{w}{M}RV$
5　$PR = \dfrac{M}{w}TV$

解説………………………………………………………………………
　似たような式が並んでいますが，お分かりになりますでしょうか。モル数を n として，
　　$PV = nRT$
のように覚えておられる方も多いでしょう。いずれにしても，PV や RT がエネルギーに相当する量であることが分かれば 1 か 3 が選ばれます。w / M がモル数であることは，通常は単位をつけない分子量もあえてつければ［g / mol］（正式にはモル質量）となることからも分かります。これで 3 となります。

念のために圧力やエネルギーの単位をおさらいしておきましょう。

$[Pa] = [N/m^2] = [(kg·m/s^2)/m^2] = [kg/(m·s^2)]$

$[J] = [Nm] = [(kg·m/s^2)·m] = [kg·m^2/s^2]$

正解　3

標準問題

問題 4

原子および気体の状態に関する次の記述において，正しいものはどれか。

1　酸素の原子量を 16 とすると，酸素分子 2 モルは 32g である。
2　原子量や分子量に単位はないことになっているが，あえて単位を書けば［mol / g］となる。
3　気体の標準状態とは，1 気圧，15℃ の状態のことをいう。
4　温度 T，圧力の時の n モルの気体の体積を V とすると，次の式が成り立つ。
　　$PV = nRT$　　（R は気体定数で，8.314J / (mol·K)）
5　m^3 で表した標準状態の体積を $m^3{}_L$ と書くことがある。

解説
1　記述は誤りです。酸素分子 O_2 は（原子量が 16 なので）分子量が 32 です。酸素分子 1 モルは 32g になりますので，2 モルは 64g です。
2　原子量や分子量に単位は普通つけませんが，あえて付けますと，［g / mol］となります。この単位をつけた量は，正確にはモル質量と呼ばれます。比重が無名数（単位のない数）で，密度が単位のある数であることと同じパターンです。
3　気体の標準状態とは，1 気圧，0℃ の状態のことです。
4　これは記述のとおりです。
5　m^3 で表した標準状態の体積は $m^3{}_N$ と書くことがあります。$m^3{}_L$ ではありません。

正解　4

問題 5

化学反応式に関する次の記述において，正しいものはどれか。

1 化学式において，原子の質量数は左下に小さく書かれる。
2 化学反応式において，矢印↑は沈殿して（固体になって）液体の系から出て行くことを意味し，矢印↓は気体となって液体の系から出て行くことを意味している。
3 化学反応式では，核反応も含めて，左辺と右辺の同一原子の数が等しくなければならない。
4 核反応の化学反応式においては，左右両辺の質量数の合計が等しくて，しかも，陽子数と電子数を合わせた電荷も等しくなければならない。
5 α壊変が起きた場合には，各種の質量数が4だけ増え，陽子数は2だけ増える。

解説
1 左下に小さく書かれるものは，原子の質量数ではなくて，原子番号（陽子数）になります。
2 説明は逆になっています。矢印↑は気体となって液体の系から出て行くこと，矢印↓が沈殿して（固体になって）液体の系から出て行くことを意味する記号です。
3 化学反応式では，一般に左辺と右辺の同一原子の数が等しくなければなりませんが，核反応が起こる場合には核種の変化が起きますので，左辺と右辺の同一原子の数が等しくなくなることが一般的です。
4 これは記述のとおりです。核反応の化学反応式においては，左右両辺の質量数の合計が等しくて，しかも，陽子数と電子数を合わせた電荷も等しくなければなりません。
5 α壊変が起きた場合には，各種の質量数が4だけ減り，陽子数は2だけ減ります。

正解 4

問題6
あるガラス球を真空にして重さを測ったところ50.5521gであった。これに，空気を入れて測ると51.2207g，メタンとエタンの混合気を詰めて測ると51.0038gであった。混合気中のメタンのモル分率は次のどれに近いか。ただし，空気の平均分子量を29.0，メタン，エタンの分子量をそれ

ぞれ 16.0, 30.1 とせよ。

1　68.5mol％　　2　70.5mol％　　3　72.5mol％
4　74.5mol％　　5　76.5mol％

解説

メタンとエタンの混合気のみかけ分子量（平均分子量）を M，真空ガラス球の重さを W_0，空気および混合気を詰めた重さをそれぞれ W_1, W_2 とします。分子量と重さが比例しますので，

$$\frac{29.0}{M} = \frac{W_1 - W_0}{W_2 - W_0}$$

W_0，および，W_1, W_2 の数値を代入し，有効数字3桁で計算しますと，

$$\frac{29.0}{M} = \frac{W_1 - W_0}{W_2 - W_0} = \frac{51.2207 - 50.5521}{51.0038 - 50.5521} = \frac{0.6686}{0.4517}$$

$$M = 29.0 \times \frac{0.452}{0.669} = 19.6$$

また，平均分子量の考え方から，メタンのモル分率を x として，

$$16.0x + 30.1(1-x) = M = 19.6$$

$$\therefore\ x = 0.745 = 74.5\text{mol}\%$$

正解　4

発展問題

問題 7

次に化学式で示す物質と（　）で示した硫黄の酸化数との関係において，誤っているものを選べ。

1　H_2S (−2)　　2　S (0)　　3　SO_3 (+2)
4　SO_2 (+4)　　5　H_2SO_4 (+6)

解説

酸化とは，もとは名前のとおり酸素と化合することでしたが，事例が増えるにつれて，もっと定義を拡張する必要が出てきました。また，酸化の反対の反応である**還元**についても，事情は全く同様です。これらを一言で言う工夫として，**酸化数**という考え方が提出されていますので，併せて表にしてみます。

表 酸化と還元

酸化とは	還元とは
酸素と化合すること	酸素を奪われること
水素を奪われること	水素と化合すること
電子を奪われること	電子を与えられること
酸化数が増えること	酸化数が減少すること

その酸化数とは，次のように定められる数値のことです。
a) 単体（一種類の元素だけからなる物質）の酸化数は 0 とする。
[（例）H_2 中の H の酸化数は 0]
b) 単原子イオン（一種類の元素だけからなるイオン）の酸化数はイオンの価数に等しい。[（例）Ca^{2+} 中の Ca の酸化数は +2]
c) 化合物中の各原子の酸化数の総和は 0 である。
[（例）H_2O の中の H は +1, O は -2 なので，$(+1)\times 2+(-2)=0$]
d) 多原子イオン（原子団イオン）中の各原子の酸化数の総和はイオンの価数に等しい。
[（例）CO_3^{2-} 中の C は +4, O は -2 で，$(+4)+(-2)\times 3=-2$]

計算の便宜のために申し添えますと，化合物中の水素の酸化数は例外なくして +1 となります。（水素化合物イオンを除きます。）酸素は，基本的に -2 ですが，例外的に過酸化水素の中の酸素の場合は，-1 となります。

順に酸化数を考えていきましょう。

1　H_2S（硫化水素）において，H が +1 で分子全体が 0 と考えますと，S の酸化数 x は，次のようになります。
$$(+1)\times 2+x=0 \qquad \therefore x=-2$$

2　単体の場合，酸化数は 0 でしたね。

3　SO_3（三酸化硫黄）です。酸素は例外の過酸化水素を除いては -2 と考えてよいので，
$$x+(-2)\times 3=0 \qquad \therefore x=+6$$

これで，正解が得られた訳ですが，学習のために，残りの選択肢も考えておきましょう。

4　SO_2（二酸化硫黄）においても同様に，

1　化学の基礎　49

$$x + (-2) \times 2 = 0 \qquad \therefore x = +4$$

5　H_2SO_4 は，硫酸ですね。
$$(+1) \times 2 + x + (-2) \times 4 = 0 \qquad \therefore x = +6$$

正解　3

この階段を上ると酸化で

この階段を降りると還元なんだね

問題8

しゅう酸カリウム $K_2C_2O_4$ が硫酸酸性下において過マンガン酸カリウム $KMnO_4$ によって酸化される反応式はどれか。

$a\ K_2C_2O_4 + b\ KMnO_4 + c\ H_2SO_4$
$\rightarrow d\ MnSO_4 + e\ K_2SO_4 + f\ CO_2 + g\ H_2O$

選択肢	a	b	c	d	e	f	g
1	5	2	8	2	6	10	8
2	2	5	2	5	8	8	6
3	5	2	8	4	10	6	4
4	2	5	2	2	8	8	2
5	5	2	8	5	6	10	2

解説……

この式は，係数を未知数として行う方程式の方法で行うことがよろしいでしょう。一つの未知数は自由に決められますので，$a = 1$ として，両辺の同じ元素の数を等しいと置く形で，$b \sim g$ の式を立ててみます。

K : $2+b = 2e$

C : $2 = f$

O : $4+4b+4c = 4d+4e+2f+g$

Mn : $b = d$

S : $c = d+e$

H : $2c = 2g$

これらを解けばよいのですが,

K の式より $\quad l = 1+\frac{1}{2}b$

Mn の式より $\quad d = b$

S の式より $\quad c = d+e = b+1+\frac{1}{2}b = 1+\frac{3}{2}b$

H の式より $\quad g = c = 1+\frac{3}{2}b$

この 4 つの式を, O の式に代入して整理しますと,

$$b = \frac{2}{5}$$

が求まります。よって,

$$a = 1,\ b = \frac{2}{5},\ c = \frac{8}{5},\ d = \frac{2}{5},\ e = \frac{6}{5},\ f = 2,\ g = \frac{8}{5}$$

が求まりますが, 最終的に整数にする必要がありますので, 全て 5 倍します。

その結果, 次のようになります。

$5K_2C_2O_4 + 2KMnO_4 + 8H_2SO_4 \rightarrow 2MnSO_4 + 6K_2SO_4 + 10CO_2 + 8H_2O$

正解 1

2 放射能と壊変

重要度 **A**

基礎問題

問題1
　質量数 A の放射性核種が M [mol] 存在する時，これは質量に換算するとどれだけになるか。

1　$A+M$　　2　AM　　3　$\dfrac{M}{A}$　　4　$\dfrac{A}{M}$　　5　$\dfrac{M}{A+M}$

解説
　質量数は通常は無次元で扱われますが，あえて単位をつけますと [g/mol] ということになります。質量をモルに，あるいは，モルを質量に換算するには，（このように単位をつけて考えますと間違いにくくなりますので）モル数 M [mol] と質量数 [g/mol] を掛ければよいことになります。したがって，求める質量を W [g] としますと，

$$W = M \text{[mol]} \times A \text{[g/mol]} = MA \text{[g]}$$

正解　2

> モルというのは 6.02×10^{23} 個の分子や原子のことをいうんですね

問題2
　次の核反応を化学反応式として表すとどのようになるか。正しいものを

選べ。ただし，亜鉛の原子番号を 30 とする。

$$^{66}Zn(d,n)^{67}Ga$$

1 $^{66}_{30}Zn + ^{1}_{1}p \rightarrow ^{67}_{31}Ga + ^{1}_{0}n$ 　　　2 $^{66}_{30}Zn + ^{3}_{1}H \rightarrow ^{67}_{31}Ga + ^{1}_{0}n$

3 $^{66}_{30}Zn + ^{1}_{1}p \rightarrow ^{67}_{30}Ga + ^{1}_{0}n$ 　　　4 $^{66}_{30}Zn + ^{2}_{1}H \rightarrow ^{67}_{31}Ga + ^{1}_{0}n$

5 $^{66}_{30}Zn + ^{2}_{1}H \rightarrow ^{67}_{30}Ga + ^{1}_{0}n$

解説・・・

核反応の表式としての，A(a,b)B は，化学反応式として表しますと，次のようになります。

$$A + a \rightarrow B + b$$

したがって，$^{66}Zn(d,n)^{67}Ga$ を化学反応式として表しますと，次のようになります。

$$^{66}Zn + d \rightarrow ^{67}Ga + n$$

ここで，d は重水素なので $^{2}_{1}H$，n は中性子なので，$^{1}_{0}n$ と書けます。また，亜鉛 Zn の原子番号が 30 と与えられていますので，^{66}Zn は $^{66}_{30}Zn$ となります。

この反応は，亜鉛の原子核に重水素（陽子＋中性子）が衝突して中性子が飛び出す反応ですので，亜鉛の原子核に陽子を一つ増えて ^{67}Ga になったと考えますと，^{67}Ga が $^{67}_{31}Ga$ であることがわかります。ただ，この考察をしない場合でも，^{67}Ga の原子番号を x として次の式を立ててみますと，

$$^{66}_{30}Zn + ^{2}_{1}H \rightarrow ^{67}_{x}Ga + ^{1}_{0}n$$

質量数は，左辺 $= 66 + 2 = 68$，右辺 $= 67 + 1 = 68$ で釣り合っており，原子番号（陽子数）については，

$$30 + 1 = x + 0$$

という式が成り立ちます。これを解いて，

$$x = 31$$

結局，**4** が正解となります。

正解　**4**

問題 3

今から 10 年前に **200MBq** であった線源が現在 **50MBq** に減衰しているという。この線源は今から 5 年後にどの程度の放射能となっていると予

想されるか。近いものを選べ。

1　12MBq　　2　25MBq　　3　38MBq　　4　50MBq　　5　75MBq

解説

　半減期を T としますと，この減衰は（原子数を N として）次の式に従います。

$$N = N_0 (1/2)^{t/T}$$

　過去の 10 年間の減衰条件を代入しますと，

$$50 = 200 \times (1/2)^{10/T}$$

両辺を 200 で割りますと，

$$0.25 = (1/2)^{10/T}$$

左辺は 1/4 ということですから，右辺も 1/4 になるためには，肩の $10/T$ が 2 でなくてはなりません。したがって，

$$T = 5$$

　もっと簡単に考えますと，1/4（半分の半分）になるのに 10 年かかったのですから，半減期は 5 年とわかりますね。

　また 5 年後の放射能を X と書きますと，今後の減衰は次のようになります。

$$X = 50 \times (1/2)^{5/5} = 50 \times 1/2 = 25\text{MBq}$$

正解　2

標準問題

問題 4

　壊変現象に関する次の記述おいて，誤っているものはどれか。ただし，時間 t における放射性核種の原子数を N，壊変定数を λ とする。

1　次の式は，壊変現象に関する基本の微分方程式である。

$$\frac{dN}{dt} = -\lambda N$$

2　$\frac{dN}{dt}$ は，時間 t における原子核の壊変確率を表している。

3　λ は，1 個の原子核が壊変する確率を表している。

4　積 λN は単位時間に壊変する原子核の数に相当する。

5　積 λN の単位は，s（秒）である。

解説

5において，積 λN の単位は，s（秒）ではなくて，s^{-1} となります。次の微分方程式の左右の単位が等しくなければなりませんので，両辺の N を除きますと，「時間分の一」ということがわかりますね。

$$\frac{dN}{dt} = -\lambda N$$

また，この分野の固有名称の単位として Bq（ベクレル）があります。

正解 5

問題 5

放射性壊変現象に関する次の記述において，誤っているものはどれか。

1. 一つの放射性核種が複数の壊変をすることを分岐壊変といい，分岐壊変の複数の壊変定数を部分壊変定数というが，この核種の崩壊を表す全壊変定数はすべての部分壊変定数の和となる。
2. 放射能が同一の二つのケースにおいて，原子核の数は半減期に比例する。
3. 容器内に放射性核種を密閉保存した場合，ケースによっては，時間とともに容器内の放射能が増加することもある。
4. 同じ放射性核種であっても，その核種が形成する化合物が異なれば，その半減期も異なる。
5. 半減期8.2分の ^{206}Hg が1gあるとき，この放射能は 4.1×10^{18} Bq である。

解説

1. 記述のとおりです。壊変定数の意味は，単位時間に崩壊する確率を表しますので，個々の壊変確率の和が全体の壊変確率に等しくなります。
2. これも記述のとおりです。放射能は原子核数 N と壊変定数 λ の積になります（基本の微分方程式を思い出しましょう）。λN が一定であれば，原子核の数 N は壊変定数 λ に反比例します。一方，λ は半減期と反比例の関係にありますので，原子核の数 N と半減期とは比例関係となります。

3 やはり記述のとおりです。一般には放射能は時間とともに減衰するはずです。しかし，親核種に加えて娘核種も放射性である場合にあって，娘核種の半減期が短い時には，娘核種の放出する放射能が多くなることもあります。

4 同じ放射性核種であれば，その核種が形成する化合物が異なっても，その半減期は変わりません。誤りです。

5 これは，原則を思い出して若干の計算をする必要のある問題ですね。
半減期を $T_{1/2}$ としますと，8.2分 = 492s ですので，壊変定数 λ は，
$$\lambda = \ln 2 / T_{1/2} = 0.693 / 492\text{s} = 0.0014\text{s}^{-1}$$
また，1g の ^{206}Hg を原子数に換算して，（アボガドロ数 6×10^{23}）
$$(1\text{g} / 206) \times 6 \times 10^{23} = 2.91 \times 10^{21}$$
ゆえに，放射能 R ［Bq］は，壊変率そのものですので，次のように正しい記述です。
$$R = -\frac{dN}{dt} = \lambda N = 0.0014\text{s}^{-1} \times 2.91 \times 10^{21} = 4.1 \times 10^{18}$$

正解　4

> ううむ
> 我が家の家計も壊変しそうで
> 心配だ！心配だ！

問題 6
放射性壊変系列に関する記述として，正しいものはどれか。

1　^{14}C の壊変の半減期は約30年であって，考古学などの年代測定に利用されている。

2　ウラン系列，トリウム系列，ネプツニウム系列が天然に見られる壊変系列であり，アクチニウム系列も存在した可能性はあるが，半減期の長さからして，現在では地球上にはないものと考えられていた。

3　ウラン系列は，ウランの同位体 ^{238}U から始まって，各種の放射性核種を経て，最終的に安定核種の ^{209}Bi で終わる系列である。

4　天然の放射性壊変は，原理的に $3n$ 系列，$3n+1$ 系列，$3n+2$ 系列の3種類に整理され，分類されている。

5　^{40}K も系列を作らない放射性核種として有名であるが，人体に含まれる通常元素のKの中で，放射性同位体として ^{40}K が約 0.012％ 存在して内部被ばくをしていることになる。

解説

1　^{14}C の壊変が考古学などの年代測定に利用されていることは正しいですが，約30年では考古学の役に立ちませんね。その半減期は5,730年です。半減期をすべて覚える必要はありませんが，^{14}C や ^{90}Sr，^{137}Cs など，重要なものは頭に入れておかれるとよいでしょう。^{90}Sr や ^{137}Cs の半減期が約30年です。

2　半減期の長さからして，現在では地球上にはないものと考えられていたのは，アクチニウム系列ではなくて，ネプツニウム系列です。

　しかし，そのネプツニウム系列も最終核種と考えられていた ^{209}Bi が，半減期1,900京年という極めて長い時間で ^{205}Tl に壊変することが最近判明しています。

3　ウラン系列は ^{238}U から始まりますが，安定核種の最終生成物は ^{209}Bi ではなくて，^{206}Pb です。

4　天然の放射性壊変は，原理的に3種類ではなくて，$4n$ 系列，$4n+1$ 系列，$4n+2$ 系列，$4n+3$ 系列の4種類に整理され，分類されています。β 壊変では原子番号が変わりませんが，α 壊変では原子番号が4だけ変化しますので，$4n+0\sim3$ の形が基本となっています。

5　記述のとおりです。問題にされるほどの量ではないとはされていますが，我々の日常食品の中にもこの割合で ^{40}K が入り込んできています。生物は，この ^{40}K の内部被ばくによる放射線に対応できるように進化してきていると言えるようです。^{40}K の半減期は約13億年と長くなっています。

正解　5

発展問題

問題7

^{60}Co（放射能 100GBq）の線源を用いている工場で，その放射能が 80%に減衰したときに線源交換を行う規則になっている。交換周期に最も近いものはどれか。ただし，^{60}Co の半減期は 5.27 年とする。また，$\ln 2 = 0.693$，$\ln 10 = 2.303$ を用いてよい。

1　1.0 年　　2　1.4 年　　3　1.7 年　　4　2.0 年　　5　2.4 年

解説

壊変定数 λ であるような放射性核種の壊変基礎式は，原子数を N として，次のとおりですが，

$$\frac{dN}{dt} = -\lambda N$$

これを解いた解は，次のようになります。N_0 は初期値です。

$$N(t) = N_0 e^{-\lambda t}$$

これと同じ意味で，半減期 T を用いた式として次式があります。

$$N(t) = N_0 (1/2)^{t/T}$$

本問で，初期値が与えられていますが，この問題を解くのに直接は関係ありません。放射能が 80% になる時間を t としますと，半減期 T を用いた式から，$T = 5.27$ を用いて，

$$0.8 N_0 = N_0 (1/2)^{t/5.27}$$
$$0.8 = (1/2)^{t/5.27}$$

逆数にして，

$$10/8 = 2^{t/5.27}$$

両辺の自然対数をとって，

$$\ln(10/8) = \ln 2^{t/5.27} = (t/5.27) \ln 2$$

左辺の $\ln(10/8)$ をあらかじめ求めておきますと，

$$\ln(10/8) = \ln 10 - \ln 8 = \ln 10 - \ln 2^3 = \ln 10 - 3\ln 2 = 2.303 - 3 \times 0.693$$
$$= 0.223$$

$$t = 0.223 \times 5.27 \div 0.693 = 1.696 \text{ 年}$$

正解　3

問題 8

放射性核種 X について次のようなデータがわかっているとする。
- 時刻 $t = t_1$ において，原子数 $N = N_1$
- 時刻 $t = t_2$ において，原子数 $N = N_2$

では，この核種の半減期はどれだけになるか。正しいものを選べ。

1 $\dfrac{\ln\left(\frac{N_1}{N_2}\right)}{t_2 - t_1}$ 2 $\dfrac{\ln\left(\frac{N_1}{N_2}\right)}{(t_2 - t_1)\ln 2}$ 3 $\dfrac{t_2 - t_1}{\ln\left(\frac{N_1}{N_2}\right)}$

4 $\dfrac{(t_2 - t_1)\ln 2}{\ln\left(\frac{N_1}{N_2}\right)}$ 5 $\dfrac{t_2 - t_1}{\ln 2 \ln\left(\frac{N_1}{N_2}\right)}$

解説

放射性核種の減衰（壊変）の基本式のうち，1/2 を指数の底とするものを用いてみます。初期の原子数を N_0，求める半減期を T としますと，次のようになります。

$$N_1 = N_0 \left(\frac{1}{2}\right)^{\frac{t_1}{T}}$$

$$N_2 = N_0 \left(\frac{1}{2}\right)^{\frac{t_2}{T}}$$

これを解いて半減期を求めます。
これら 2 式の比をとりますと，

$$\frac{N_1}{N_2} = \left(\frac{1}{2}\right)^{\frac{t_1}{T} - \frac{t_2}{T}} = \left(\frac{1}{2}\right)^{\frac{t_1 - t_2}{T}} = 2^{\frac{t_2 - t_1}{T}}$$

両辺の自然対数をとって，

$$\ln\left(\frac{N_1}{N_2}\right) = \frac{t_2 - t_1}{T} \times \ln 2$$

よって，

$$T = \frac{(t_2 - t_1)\ln 2}{\ln\left(\frac{N_1}{N_2}\right)}$$

これで，4 が正解とわかります。
　ただし，半減期を求める問題ですので，単位が時間でなければなりません。このことで，1 と 2 はすぐに外されますね。（あまり論理的ではありませんが，選択肢の3箇所に $\ln 2$ が出てきていますので，$\ln 2$ のない選択肢は外すという推測もあります。しかし，それはあくまで推測です。）

正解　4

> まだ人間は，放射性核種の寿命を決まった半減期で減る速さよりも速く減らす技術を確立していないんですね

> これが原発事故の被ばくの問題でもあり原発の廃炉処理の問題や放射性廃棄物の問題でもあるんですね

3 放射平衡

重要度 B

基礎問題

問題 1
　次のような壊変系列において，誤っている記述はどれか。
A→B→C
1　Aを親核種と呼ぶとき，Bは娘核種と呼ばれる。
2　Aを親核種と呼ぶとき，Cは孫娘核種と呼ばれる。
3　さらに，Cに娘核種があるとき，それは曾孫核種と呼ばれる。
4　Bは息子核種と呼ばれることもある。
5　Bが安定核種であれば，このような系列は成り立たない。

解説
1～3　これらはすべて正しい記述となっています。
4　息子核種という核種はないことになっています。そのように呼ばれることもありません。たぶん，生物における無性生殖は基本的にメスだけで可能だからでしょう。
5　これも記述のとおりです。Bが安定核種であれば，このような系列は成り立ちません。

正解　4

問題 2
　核分裂に関する次の文章の下線部の中で誤っているものはどれか。
核分裂によって直接に生成する核種は 1 <u>核分裂片</u>と呼ばれるが，1 <u>核分裂片</u>は一般に原子核内の中性子が過剰であることが多く，その中性子が 2 <u>陽電子壊変（β^+壊変）</u>して安定な核種に落ち着こうとする。通常の場合，この壊変は 1 回で終わらず，数回の壊変をたどって最終的に安定な核種に至ることが多い。その例として，ウランの核分裂における ^{137}I の例を挙げると，次のようになる。

$$^{137}\text{I} \rightarrow {}^{137}\text{Xe} \rightarrow {}^{137}\text{Cs} \rightarrow {}^{137\text{m}}\text{Ba} \rightarrow {}^{137}\text{Ba}$$

ここで、^{137}I の壊変半減期は 24.5 秒、^{137}Xe のそれは 3.82 分とかなり短く、^{137}Cs の半減期が **3** 30.2 年と長いので、これが放射性物質の害が問題になる際に、^{137}Cs が挙げられることの多い理由である。**4** $^{137\text{m}}$Ba の半減期は 64 時間、**5** ^{137}Ba は安定核種である。

解説

2 の陽電子壊変（β^+ 壊変）というのは誤りです。中性子が過剰の場合には、通常の電子である陰電子を放出して β^- 壊変が起きます。電荷的に中性な中性子が電子（負電荷）を放出して自らは陽子（正電荷）となるわけです。

陽子が過剰の原子核においては、その陽子が陽電子を放出して自らは中性子に変わります。それが β^+ 壊変です。

核分裂によって直接に生成する核種は核分裂片と呼ばれますが、核分裂片は一般に原子核内の中性子が過剰であることが多く、その中性子が陰電子壊変（β^- 壊変）して安定な核種に落ち着こうとします。通常の場合、この壊変は1回で終わらず、数回の壊変をたどって最終的に安定な核種に至ることが多いです。その例として、ウランの核分裂における ^{137}I の例を挙げますと、次のようになります。

$$^{137}\text{I} \rightarrow {}^{137}\text{Xe} \rightarrow {}^{137}\text{Cs} \rightarrow {}^{137\text{m}}\text{Ba} \rightarrow {}^{137}\text{Ba}$$

^{137}I の壊変半減期は 24.5 秒、^{137}Xe のそれは 3.82 分とかなり短く、^{137}Cs の半減期が 30.2 年と長いので、これが放射性物質の害が問題になる際に、^{137}Cs が挙げられることの多い理由です。$^{137\text{m}}$Ba の半減期は 64 時間、^{137}Ba は安定核種です。

正解　**2**

問題3

次の放射性核種の組合せにおいて、ミルキングの成立する系でないものはどれか。ただし $T_{1/2}$ は半減期を表すものとする。

1　^{132}Te（テルル、$T_{1/2}$：78 時間）→ ^{132}I（よう素、$T_{1/2}$：2.28 時間）
2　^{106}Ru（ルテニウム、$T_{1/2}$：367 日）→ ^{106}Rh（ロジウム、$T_{1/2}$：29.8 秒）
3　^{90}Sr（ストロンチウム、$T_{1/2}$：28.8 年）→ ^{90}Y（イットリウム、$T_{1/2}$：64.1 時間）

4 ^{90}Kr（クリプトン，$T_{1/2}$：33秒）→^{90}Rb（ルビジウム，$T_{1/2}$：153秒）
5 ^{99}Mo（モリブデン，$T_{1/2}$：66時間）→^{99m}Tc（テクネチウム，$T_{1/2}$：6.0時間）

解説

放射平衡にある親核種Pと娘核種Dとがあって半減期 $T_P > T_D$ である場合，Dだけを単離（単独に取り出すこと）して純粋なPだけの状態にしても，時間とともにDが生成し，一定時間が経てば再び放射平衡状態に達します。このようにしてDだけを単離することが繰り返しできますので，これが牛乳を搾ることに似ているということで，**ミルキング**といいます。したがって，娘核種のほうが親核種のそれに比べて，大幅に小さいものでなければなりません。**4** がミルキングの成立しない系となります。

また，そのようにして娘核種を取り出す装置を（正式にはジェネレータですが）**カウ**とよぶこともあります。一部は問題にも現れていますが，例として，次のようなものがあります。

- ^{90}Sr（ストロンチウム，$T_{1/2}$：28.8年）→^{90}Y（イットリウム，$T_{1/2}$：64.1時間）
- ^{99}Mo（モリブデン，$T_{1/2}$：66時間）→^{99m}Tc（テクネチウム，$T_{1/2}$：6.0時間）
- ^{137}Cs（セシウム，$T_{1/2}$：30年）→^{137m}Ba（バリウム，$T_{1/2}$：2.6分）
- ^{140}Ba（バリウム，$T_{1/2}$：12.8日）→^{140}La（ランタン，$T_{1/2}$：40時間）
- ^{226}Rn（ラドン，$T_{1/2}$：3.8日）→^{218}Po（ポロニウム，$T_{1/2}$：3.1分）

正解　4

標準問題

問題 4

図は永続平衡におけるいくつかの核種の放射能を片対数グラフに表したものである。下記の関係式の中で正しいものはどれか。

1　A+B = C　　2　A+D = C　　3　B+C = A
4　C+D = A　　5　B+D = A

放射能
（対数目盛）

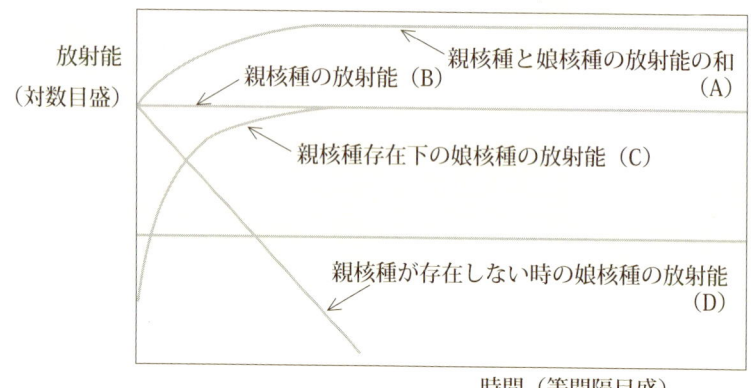

親核種と娘核種の放射能の和 (A)
親核種の放射能 (B)
親核種存在下の娘核種の放射能 (C)
親核種が存在しない時の娘核種の放射能 (D)

時間（等間隔目盛）

解説……………………………………………………………………………

　親核種の半減期が（娘核種のそれに比べて）非常に長い場合には，永続平衡という状態になり，永続平衡では，親核種と娘核種が平衡段階において放射能に変化がない状態となります。すなわち，図の右側のような状態になりますが，Dだけは単調に減少しています。Dは親核種が存在しない場合の娘核種の濃度変化を示していて，これは永続平衡を形成していない場合になります。ですから，Dを含む式は正しくないことになります。残る 1 と 3 の式の中で，Aのグラフのほうが上にありますから，当然足し算されたものがAでなくてはなりませんね。3 が正解となります。

正解　3

問題5

　次の表は，アクチニウム壊変系列の最終的な部分を書き出したものである。1～5 の中で誤りを含む縦の欄はどれか。

原子番号 質量数	1　81	2　82	3　83	4　84	5　85
215				$^{215}_{84}Po$	$^{215}_{85}At$
211		$^{211}_{82}Pb$	$^{211}_{83}Bi$	$^{211}_{84}Po$	
207	$^{207}_{81}Th$	$^{207}_{82}Pb$			

解説

この表は，縦の欄に質量数，横の欄に原子番号（陽子数）が取られています。右に進む矢印は β 壊変を，左斜め下に進む矢印は α 壊変を表しており，ここでは，最終的に $^{208}_{82}\text{Pb}$ となって安定な核種に至っています。

ここで，1 の縦の欄の最下欄に Th（トリウム）とあるのは誤りで，ここは Tl（タリウム），すなわち，$^{207}_{81}\text{Tl}$ が正解です。Th はトリウム系列の出発核種なので覚えておきたいですね。

正しい表として再掲しますと，次のようになります。

質量数＼原子番号	1 81	2 82	3 83	4 84	5 85
215				$^{215}_{84}\text{Po}$	$^{215}_{85}\text{At}$
211		$^{211}_{82}\text{Pb}$	$^{211}_{83}\text{Bi}$	$^{211}_{84}\text{Po}$	
207	$^{207}_{81}\text{Tl}$	$^{207}_{82}\text{Pb}$			

正解　1

問題 6

核種 X が，Z という機構で壊変して核種 Y になる場合に，次のように書くものとする。また，たとえば，α 壊変は単に α と書くものとする。

$\text{X} \to [\text{Z}] \to \text{Y}$

次の壊変表示のうち，誤りを含むものはどれか。

1　$^{235}\text{U} \to [\alpha] \to {}^{231}\text{Th}$ 　　2　$^{22}\text{Na} \to [\beta^+] \to {}^{22}\text{Ne}$
3　$^{54}\text{Mn} \to [\text{EC}] \to {}^{54}\text{Cr}^*$ 　　4　$^{90}\text{Sr} \to [\beta^-] \to {}^{90}\text{Y}$
5　$^{150}\text{Sm} \to [\alpha] \to {}^{145}\text{Nd}$

解説

1　これは，アクチニウム系列（$4n+3$ 系列）の最初の壊変になります。正しい記述です。
2　β^+ 壊変は，陽子が中性子と陽電子に変化し，ニュートリノを放出するものです。これも正しい記述です。

3 これも正しいものになっています。Cr* の右肩の*は励起状態を表しています。この励起状態は多くは 10^{-9} 秒程度の極めて短時間に基底状態（安定状態）に移行しますが，比較的長い時間（10^{-6} 秒程度）に渡って保持されるものもあり，その場合には ^{99m}Tc などと m を使って書かれます。

4 やはり正しい記述です。

5 α 壊変とは，α 粒子（ヘリウム原子核）が放出される壊変です。したがって，質量数が 4 だけ減り，原子番号（陽子数）が 2 だけ減ります。質量数 150 が 145 になっているのは誤りです。^{146}Nd となるべきです。

正解　5

発展問題

問題 7

壊変平衡に関する次の文章において，正しいものはどれか。

1 放射平衡にある親核種と娘核種とがあって，親核種の半減期が娘核種のそれより長い場合，娘核種だけを単離して純粋な親核種だけの状態にしても，時間とともに娘核種が生成し，一定時間が経てば再び放射平衡状態に達する。このようにして娘核種だけを単離することが繰り返しできるので，これをミルキングという。

2 ミルキングによって娘核種を取り出す装置は，正式にはジェネレータというが，ミルキングにちなんでオックスと呼ぶことがある。

3 ^{99}Mo は壊変して ^{99}Tc になるが，前者の半減期は 66 時間，後者のそれは 20 万年であるので，これらの組合せはミルキングが成立する系である。

4 $-\dfrac{dN_1}{dt} = \lambda_1 N_1,\ -\dfrac{dN_2}{dt} = \lambda_2 N_2 - \lambda_1 N_1$

これは，放射性核種の壊変系列における，親核種（1）と娘核種（2）のそれぞれの原子数 N_1 および N_2 の変化を示す連立微分方程式である。λ_1，λ_2 はそれぞれの壊変定数である。$N_1(0) = N_{10}$，$N_2(0) = N_{20}$ という初期条件でこれを解くと次のようになる。

$$N_1(t) = \dfrac{\lambda_1}{\lambda_2 - \lambda_1} N_{10} \{\exp(-\lambda_1 t) - \exp(-\lambda_2 t)\} + N_{20} \exp(-\lambda_2 t)$$

$$N_2(t) = N_{20} \exp(-\lambda_2 t)$$

5 親核種（原子数 N_1）の半減期が娘核種（原子数 N_2）のそれに比べて非常に長い場合には次の式が成立する。ここに λ_1, λ_2 はそれぞれの壊変定数とする。

$$\frac{N_2(t)}{N_1(t)} = \frac{\lambda_2}{\lambda_1}$$

解説

1 これが正しい記述です。
2 オックスは雄牛です。雄牛はミルクを出しません。ミルクを出すのは雌牛ですので，カウと呼ばれます。
3 ミルキングが成立する系は親核種の半減期が娘核種のそれに比べて十分に長くなくてはいけません。問題に示されている半減期は，むしろ娘核種のほうが長いのでミルキングは成立しない系となります。ただし，次の関係を利用して，^{99m}Tc を取り出すことはミルキングになります。

^{99m}Mo（$T_{1/2}$: 66 時間）→ ^{99m}Tc（$T_{1/2}$: 6.0 時間）

4 一見正しいような結果に見えますが，よく見るとおかしいことがわかります。もとの連立微分方程式の最初の式は，$N_1(t)$ について閉じています。すなわち，$N_1(t)$ は t だけの関数，言い換えると，$N_2(t)$ に関する情報がなくても解けるものです。ですから，$N_1(t)$ を解いた式に N_{20} などが入り込むことはないはずです。しかし，設問の式には入り込んでいますので，それが誤りの理由です。正しく解きますと次のようになります。

$$N_1(t) = N_{10} \exp(-\lambda_1 t)$$
$$N_2(t) = \frac{\lambda_1}{\lambda_2 - \lambda_1} N_{10} \{\exp(-\lambda_1 t) - \exp(-\lambda_2 t)\} + N_{20} \exp(-\lambda_2 t)$$

5 問題中の式は λ の分母と分子が入れ替わっています。親核種の半減期が極めて長い場合ですので，娘核種は生成するとすぐに消えてしまい，親核種の原子数はあまり減らない系となります。半減期が長いということは，その逆数に比例する壊変定数が小さいということですので，親核種の λ_1 が小さくて N_2 が小さくなければなりません。正しくは，次の式になります。

$$\frac{N_2(t)}{N_1(t)} = \frac{\lambda_1}{\lambda_2}$$

正解　1

$$-\frac{dN_1}{dt} = \lambda_1 N_1$$
$$-\frac{dN_2}{dt} = -\lambda_1 N_1 + \lambda_2 N_2$$

こんな式を見ると目がクラクラしてどうやって解いたらいいか見当もつかないよ

まあ，そういう人は解く計算をすっ飛ばして結果だけを使えばいいんですよ

問題8

放射性核種Xは，次に示すように2回のβ^-壊変によって，放射性核種Yを経て，核種Zに至るという。

　　　X→（半減期10日）→Y→（半減期1日）→Z

この系に関して述べられた次の記述の中で，誤っているものはどれか。

1　YはXが共存しない場合には，半減期1日という割合で減衰する。
2　分離精製したXを放置する時，Yの放射能が最大となる以前に，XとYの放射能の合計が極大となる点がある。
3　分離精製したXを放置する時，Yの放射能が最大となる時点で，XとYの放射能は等しくなる。
4　分離精製したXを放置する時，Yの放射能が最大となった後，Yの放射能は，半減期10日という減衰を始める。
5　XとYの原子数の和は一定である。

解説

1　記述のとおりです。YはXが共存しない場合には，半減期1日という割合で減衰します。
2　過渡平衡においては，これも記述のとおりです。次の図をご覧下さい。ここでは親核種がX，娘核種がYとなっています。親核種の半減期が娘核種のそれに比較して十分に長い場合が過渡平衡の条件です。

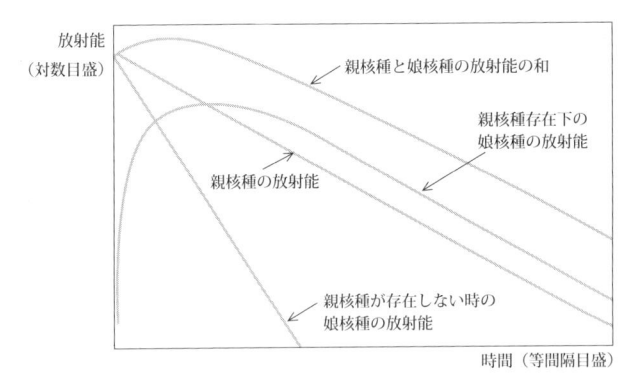

図　過渡平衡における放射能の推移

3　これも正しい記述です。分離精製したXを放置する時，Yの放射能が最大となる時点で，XとYの放射能は等しくなります。
4　やはり正しい記述です。図で親核種の勾配と同じ勾配で減少しているのがわかると思います。親核種から供給されることが律速（速度を決める要因）になっています。
5　XとYの和は一定にはなりません。XとYとZの原子数の和が一定です。

正解　5

3　放射平衡

第3章

放射線の生物学

放射線は生体にどういう影響を与えるのだろう？

1 放射線生物作用の特徴と放射線影響の分類

重要度 A

基礎問題

問題 1

放射線によるヒトの全致死線量は，腸死で 8～10Gy 程度とされている。かりに，10Gy のエネルギーが体重 60kg のヒトの全身に与えられたとすると平均の体温上昇幅はどの程度となるか。ただし，ヒトの身体の比熱を 4J/(g·K) とする。

1　2.5K　　2　0.25K　　3　0.25K　　4　0.0025K　　5　0.00025K

解説

この問題では，ヒトの体重が与えられていますが，エネルギー投与 10Gy = 10J/kg と比熱 4J/(g·K) の二つの量から平均の温度上昇が計算できますので，体重はここでは関係ありません。単純に次の割り算を実行します。

$$\frac{10\text{J/kg}}{4\text{J/(g·K)}} = 2.5\text{g·K/kg} = 2.5 \times 10^{-3}\text{K} = 0.0025\text{K}$$

正解　4

骨髄死や中枢神経死は線量が変化すると平均生存日数が大きくかわるが腸死の場合にはあまり変化しないのが特徴ですね

問題2

生体に影響する放射線の分類を表に示すが，1～5 の欄の中で，誤りを含むものはどれか。

分類		荷電／非荷電	具体名
1 電磁波 （電磁放射線）	2 間接電離放射線	3 非荷電	X 線, γ 線
4 粒子線 （粒子放射線）	5 直接電離放射線	非荷電	中性子線
		荷電	α 線, β 線, 電子線

解説……………………………………………………………………
生体に影響を与える各種の放射線がありますが，それを分類した表になっています。5 に示される欄は「直接電離放射線」となっていますが，この中で非荷電の中性子線は直接に周囲の分子の電離を起こしません。中性子線は X 線や γ 線と同様に，間接に周囲の分子の電離を起こします。正しい表として再掲しますと，次のようになります。

表　放射線の分類

分類	荷電／非荷電	具体名
電磁波 （電磁放射線）	間接電離放射線	非荷電	X 線, γ 線
粒子線 （粒子放射線）	間接電離放射線	非荷電	中性子線
	直接電離放射線	荷電	α 線, β 線, 電子線

正解　5

問題3

標的理論に関して述べられた次の文章において，誤っているものはどれか。

1　標的理論とは，生体細胞内には，細胞の生存にとって重要な標的があって，これを放射線がヒット（狙い打ち）することで死に至るという理論である。
2　標的理論における標的とは，通常は DNA と考えられている。
3　標的理論において，ヒットは，生起確率の小さい現象が従うガウス分

1　放射線生物作用の特徴と放射線影響の分類　73

布に従うとされる。
4 1標的1ヒットモデルとは，一つの細胞内に標的が1個だけ存在し，これが1回のヒットを受けると細胞死に至るというモデルである。
5 標的理論においては，1標的1ヒットモデル，1標的多重ヒットモデル，多重標的1ヒットモデル，および，多重標的多重ヒットモデルがある。

解説……

　放射線の影響として，熱量としては小さいものであってヒトに影響をあたえるレベルではとてもありません。したがって，放射線による生体へのダメージは熱エネルギーの量的効果ではないと考えられ，特別な生体の構造（標的）に対して影響する質的なものと考えられ，これを**標的理論**（あるいは**ヒット理論**）といいます。標的理論では，次のような仮定を置いています。

> 生体細胞内には，細胞の生存にとって重要な標的があって，これを放射線がヒット（狙い打ち）することで死に至る。

　また，このヒットは，生起確率の小さい現象が従うポアソン分布に従うとされ，ある線量 D の放射線によって，平均で m 個のヒットが生じたとすると，実際に標的に r 個のヒットが生じる確率 $P(r)$ はポアソン確率の理論から，次のようになります。（m と r の違いに留意下さい。m は平均値，r は1から順次与えられる整数です。）

$$P(r) = e^{-m} \frac{m^r}{r!}$$

　この理論には次表に示しますようなモデルの種類があります。

表　標的理論におけるモデルの種類

1細胞内の標的数	細胞死に至るヒット回数	モデルの名称	モデルの内容
標的が1個	1ヒットで細胞死	1標的1ヒットモデル	一つの細胞内に標的が1個だけ存在し，これが1回のヒットを受けると細胞死に至る

標的が1個	複数回のヒットで細胞死	1標的多重ヒットモデル	一つの細胞内に標的が1個だけ存在し、これが複数回のヒットを受けると細胞死に至る
複数個の標的	1ヒットで標的が死に、すべての標的がやられて細胞死	多重標的1ヒットモデル（多標的1ヒットモデル）	一つの細胞内に標的が複数個存在し、そのひとつひとつの標的が1回のヒットを受け、すべての標的がヒットされると細胞死に至る
	複数回のヒットで標的が死に、すべての標的がやられて細胞死	多重標的多重ヒットモデル（多標的多重ヒットモデル）	一つの細胞内に標的が複数個存在し、そのひとつひとつの標的が複数回のヒットを受け、すべての標的がヒットされると細胞死に至る

1 解説にありますように、記述のとおりです。
2 これも記述のとおりです。わずかな変化でも細胞全体に大きな影響を与えるような部分がヒットされると大きなダメージとなりますが、それがDNA（デオキシリボ核酸、デオキシは酸素が一つ少ないという意味です）と考えられています。RNAウィルスの場合は、DNAのかわりにRNA（リボ核酸）と見られています。
3 これは誤りです。標的理論において、ヒットは、生起確率の小さい現象が従うポアソン分布に従うとされます。ガウス分布ではありません。
4 やはり記述のとおりです。
5 これも記述のとおりです。多重標的1ヒットモデル、および、多重標的多重ヒットモデルは、それぞれ、多標的1ヒットモデル、および、多標的多重ヒットモデルともいわれています。

正解 3

標準問題

問題4

放射線による身体的影響に関する次の文章の下線部の中で、誤っているものはどれか。

放射線による身体的影響とは、被ばくした本人が受ける 1 体細胞への影響のことで、これは、さらに 2 急性障害と 3 晩発障害とに分類される。ある程度以上の線量を被ばくした際には、2 急性障害を起こすが、

その障害から回復して生存するか，4 被ばく死するかのいずれかになる。2 急性障害を乗り越えて生存した場合や，被ばく線量が少ないため 2 急性障害が出なかった場合においても繰り返し照射などがあれば，5 半減期の後に 3 晩発障害が起きることがある。

解説

5 は半減期ではありません。ここは潜伏期間が正しい用語となります。急性障害は，早期障害，早発性障害などともいわれます。また，晩発障害は晩発性障害といわれることもあります。

正解 5

問題 5

LET と生体影響の関係に関する記述において，誤っているものはどれか。

1　LET は放射線の線質の違いを表す指標として用いられる。
2　低 LET 放射線ほど，生体影響としての間接作用が多くなっている。
3　OER は，低 LET 放射線より高 LET 放射線のほうが小さい傾向となっている。
4　高 LET 放射線の照射による細胞の線量－生存率曲線においては，低 LET 放射線の場合に比べて D_q も D_0 も小さい。
5　LET の増加によって，RBE も相関して増加する。

解説

放射線のエネルギーを阻止する能力である阻止能は，有効荷電の 2 乗，物質の質量，原子番号に比例し，重荷電粒子の運動エネルギーに反比例する量ですが，阻止能の絶対値を線エネルギー付与（LET，Linear Energy Transfer）といって，単位長さ当たりどの程度のエネルギーが物質に与えられるか，という程度を示すものとなります。

1，2　いずれも記述のとおりです。LET は放射線の線質の違いを表す指標として用いられます。また，低 LET 放射線ほど，生体影響としての間接作用が多くなっています。
3　やはり記述のとおりです。OER は酸素増感比のことです。酸素効果は低 LET 放射線のほうが大きくなっています。

4　高 LET 放射線の場合には，線量－生存率曲線はほぼ直線になり，つまり肩がない状態となりますので，見かけのしきい値である D_q は小さくなっています。また，放射線の影響度が大きいため傾斜も急になっていて，平均致死線量である D_0 も小さくなります。これも記述のとおりです。

5　RBE は低 LET 放射線では 1 ですが，LET が 100keV / μm までは LET とともに増大します。しかし，LET が 100keV / μm を超えますと，減少に転じます。全領域で相関することにはなっていません。

正解　5

> 最近はやりのＬＥＤの光は有害な放射線を含まないんですね

> 電圧が低く低エネルギーなので可視光線程度しか出ないんですね

問題 6

放射線による生体組織のアタックに関する次の文章の下線部の中で誤っているものはどれか。

　放射線の熱エネルギーは，生体組織に平均に加えられる場合にはとても小さな無視できるレベルであることは計算すればすぐわかるが，1 標的説では，平均的なダメージではなく，放射線は特定の何かをアタックしていると考えられている。わずかな変化でも細胞全体に大きな影響を与えるような部分がヒットされると大きなダメージとなるが，それが 2 DNA（3 デオキシリボ核酸）と考えられている。4 RNAウィルスの場合は，2 DNA のかわりに RNA（5 リボース核酸）と見られている。

解説

　5 はリボース核酸ではなくて，リボ核酸です。RNA の正式名称です。

　放射線の熱エネルギーは，生体組織に平均に加えられる場合にはとても小さな無視できるレベルであることは計算すればすぐわかりますが，標的説では，平均的なダメージではなく，放射線は特定の何かをアタックして

いると考えられています。わずかな変化でも細胞全体に大きな影響を与えるような部分がヒットされると大きなダメージとなりますが，それがDNA（デオキシリボ核酸）と考えられています。RNAウィルスの場合は，DNAのかわりにRNA（リボ核酸）と見られています。

正解　5

発展問題

問題7

次に示す放射線障害の中で，しきい線量のないものはどれか。
1　骨髄死　2　腸死　3　白血病　4　白血球減少　5　肺炎

解説

しきい線量のあるものとないものとを整理してみます。基本的にしきい線量のないものは，各種のがんと突然変異に限られます。

しきい線量	放射線障害
あるもの	不妊，脱毛，皮膚潰瘍，小頭症，精神発達遅滞，貧血，白内障，脳壊死，肺炎，白血球減少，骨髄死（造血死），腸死（消化管死）
ないもの	突然変異，白血病（血液のがん），骨肉腫（骨がん），肺がん，肝臓がん，甲状腺がん

3の白血病が「しきい線量のないもの」に該当しますね。

正解　3

白血病は血液のがんといわれてがんの仲間だけど潜伏期間が2年と短いそうです

その他のがんは固形がんといわれて最小潜伏期間が10年らしいですね

問題 8
　DNA の構成について，誤っているものはどれか。
1　DNA を構成する糖はデオキシリボースである。
2　DNA を構成する塩基は，4 種類である。
3　DNA は，塩基と糖，そして，りん酸とが一分子ずつ結合してヌクレオチドを作り，このヌクレオチドが非常に多くつながった鎖がらせん状に 2 本並んだ巨大分子である。
4　シトシンとチミンはピリミジン塩基と，アデニンとグアニンはプディング塩基と呼ばれている。
5　通常の DNA は基本的に二本の鎖がらせん状に絡み合った状態にあり，これらが一定の規則で結合しているので，これを二重らせんと呼んでいる。

解説……………………………………………………………………………
　DNA（デオキシリボ核酸）は，塩基（アデニン，チミン，グアニン，シトシンの 4 種）と糖（デオキシリボース），そして，りん酸とが一分子ずつ結合してヌクレオチドを作り，このヌクレオチドが非常に多くつながった鎖（ヌクレオチド鎖）がらせん状に 2 本並んだ巨大分子です。ワトソンとクリックが提起した**二重らせん**として有名です。向かい合う塩基どうしが水素結合ではしごのようにつながっています。その水素結合は A（アデニン）−T（チミン）の間，および，G（グアニン）−C（シトシン）の間に限られています。

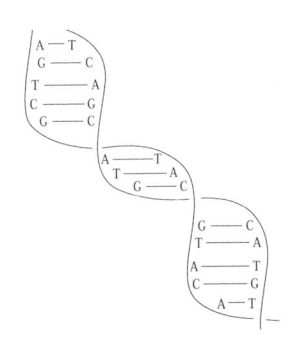

図　DNA の二重らせん

1　放射線生物作用の特徴と放射線影響の分類　79

糖がデオキシリボースではなくて，リボースである場合にはRNA（リボ核酸）となります。DNAが遺伝子の実体をなすのに対して，RNAはおもにタンパク質合成などの働きをします。

1 　記述のとおりです。DNAを構成する糖はデオキシリボースです。
2 　これも記述のとおりです。アデニン，グアニン，シトシン，チミンの4種類です。
3 　やはり記述のとおりです。DNAは，塩基と糖，そして，りん酸とが一分子ずつ結合してヌクレオチドを作り，このヌクレオチドが非常に多くつながった鎖がらせん状に2本並んだ巨大分子です。
4 　シトシンとチミンがピリミジン塩基であることは正しいですが，アデニンとグアニンはプリン塩基に属します。ここでいうプリンとは，英語でpurineであって，洋風の生菓子であるプディングpuddingが訛ったプリンではありません。
5 　正しい記述です。通常のDNAは基本的に二本の鎖がらせん状に絡み合った状態にあって，これらが一定の規則で結合していますので，これを二重らせんと呼んでいます。

正解　4

2 放射性核種による生体への影響

重要度 B

基礎問題

問題 1

直接作用と間接作用について，次の記述の中で誤っているものはどれか。
1 直接作用は間接作用に比べて酸素の影響を受けにくい。
2 乾燥条件下にある酵素に X 線照射した場合の不活性化は，おもに直接作用によるものである。
3 ラジカル・スカベンジャーはおもに間接作用を修飾する。
4 高 LET 放射線では，間接作用の割合が増加する。
5 放射線のエネルギーを受けて間接作用を実際に起こすものはおもに水分子の変化したものである。

解説

標的としての DNA が放射線のヒットを受けた場合の損傷には，次の 2 種があります。低 LET 放射線ほど（2）の間接作用が多くなっています。
(1) 直接作用：DNA を構成する原子が電離あるいは励起を起こし，DNA 分子の損傷になる場合
(2) 間接作用：生体は 70% を超える水分を含んでいますので，その水分子が電離あるいは励起した場合に生じるフリーラジカル（自由に動き回るラジカル）や酸化・還元力のある原子団が DNA 分子の損傷を起こす場合
1 酸素はおもに間接作用に影響しますので，直接作用には関係しません。
2 乾燥条件下ということは，水分がない状態ですので，水分子が変質して起こす間接作用は大幅に減少するはずです。
3 ラジカル・スカベンジャーはラジカルを除去します。したがって，ラ

ジカルによる間接作用を減らす効果があります。

4　高 LET 放射線の照射によってラジカルが多く発生しますが，その密度も大きくなりますので，ラジカルどうしの再結合によってラジカルが消滅することも多くなり，ラジカルによる間接作用の割合はむしろ小さくなります。

5　記述のとおりです。水分子がラジカルなどに変化して起こす作用が間接作用と呼ばれています。

正解　4

> ラジカルとは
> もともと
> 激しいという意味なんですね

問題 2

細胞が受けた損傷からの回復として，正しいものはどれか。

A　PLD 回復　　　　B　QLD 回復
C　RLD 回復　　　　D　SLD 回復

1　A と B のみ　　　2　A と D のみ　　　3　B と C のみ
4　B と D のみ　　　5　C と D のみ

解説……………………………………………………………………………………

細胞が受けた損傷からの回復には，SLD 回復と PLD 回復とがあります。正解は **2** となります。

(1) SLD 回復

SLD 回復は亜致死損傷からの回復といわれるものです。実験的には照射条件を変化させて行われ，一定の放射線を 1 回で照射した場合と比べ，時間間隔をあけた 2 回に分けて照射した際に見られる生存率の上昇として確認できます。生存率曲線における Dq が大きいほどこの回復力が大きい傾向にあります。X 線や γ 線などの低 LET 電離放射線の場合，一般に線

量率を下げると生存曲線の勾配が緩やかになりますが，これは亜致死損傷からの回復による感受性の低下と考えられています。高 LET 放射線の場合には，SLD 回復はほとんどないか，あっても小さいものです。

(2) PLD 回復

PLD 回復は潜在的致死損傷からの回復と呼ばれます。本来であれば照射によって死に至る細胞が，照射後の条件によって損傷を回復する現象です。たとえば，培養細胞は増殖して密度が高くなると分裂が止まりますが，（これをプラトー状態といいます）このプラトー期の細胞を照射し，その後もそのままの状態にしておくほうが，シャーレに蒔き直した場合よりも生存率は高くなります。しかし，プラトー状態ではなくて活発に増殖する対数増殖期にはこのような現象は一般に見られません。

正解 2

問題 3

放射線による DNA 損傷に関する次の文章において，誤っているものはどれか。
1 紫外線も直接電離放射線などとほぼ同様の DNA 損傷を引き起こす。
2 DNA 損傷が，細胞周期の遅延をもたらすことがある。
3 DNA 損傷が細胞のアポトーシスを起こすこともある。
4 低酸素という条件下での照射では，DNA 鎖切断の数は減少する。
5 DNA 損傷の修復に関与する遺伝子には，複数のものがある。

解説

1 紫外線を放射線に含める立場も含めない立場もありますが，DNA 損傷を引き起こすことはあります。ただし，直接電離放射線などのような高いエネルギーの放射線に比べてその影響度は小さくなっています。DNA 塩基が波長 260nm 程度の紫外線を吸収しやすいので，おもに紫外線は塩基損傷を起こしますが，より強い放射線は DNA 鎖切断などを起こします。

「ほぼ同様の DNA 損傷を引き起こす」は誤りです。

2 一般に細胞は DNA 損傷を修復してから細胞周期を進めようとしますので，修復の間は細胞周期の進行が遅れることがあります。

3 アポトーシスとは，細胞が自らを回復させるよりも，細胞死を選択し

たほうが個体のためによいと判断して死に向かう現象です。DNA損傷が重大である場合，遺伝子に組み込まれているプログラムにより自ら死を選びます。

4 　酸素効果によって酸素が多いと損傷を助長し，酸素を減らしますと損傷も少なくなります。酸素も一種のラジカルですので，生体にダメージを与えやすい物質です。

5 　DNA損傷の種別に応じて，その修復の仕方も異なってきます。たとえば，除去修復においては，切り込み，除去，DNA合成，結合という手順を踏みながら，それぞれの段階で別々の酵素が働きます。これらの酵素を産生するために，別々の遺伝子が関与します。生物の仕組みというものは驚くほどうまくできているのですね。

正解　1

アポトーシスっていうのは「アポをとられて死す」という運命にある細胞をいうのかなぁ

君い，それは少し考えすぎではないのか？

標準問題

問題4

放射線による細胞死に関与する要因として，正しいものの組合せはどれか。

A　酸素濃度　B　放射線の線量率　C　放射線のLET　D　細胞周期
1　ABのみ　2　ACDのみ　3　BCのみ　4　Dのみ
5　ABCDすべて

解説……
　ここに挙げられた要因は，いずれも放射線による細胞死に関与します。したがって，5の「ABCDすべて」が正解です。

正解　5

問題 5
　放射線による感受性に関する記述として，正しいものはどれか。
1　細胞周期によって放射線感受性は変化しない。
2　培養細胞において，放射線感受性は照射線量率には依存しない。
3　休止期にある細胞のほうが，感受性が高い。
4　精巣の細胞では，分化の過程によって放射線感受性は変化しない。
5　悪性リンパ腫は悪性黒色腫よりも放射線感受性が高い。

解説……
1　細胞周期によって放射線感受性は変化します。M期とS期前半の感受性が高くなっています。
2　放射線感受性は照射線量率に依存します。低線量率のほうが（回復力があって）感受性が低い傾向です。
3　休止期にある細胞のほうが，感受性が低くなっています。一般に活発に活動する細胞のほうが感受性は高いです。
4　精巣の細胞では，精原細胞→精母細胞→精細胞→精子と分化が進むにつれて放射線感受性は低くなります。これは一般の細胞においても同様の傾向です。
5　これが正しい記述です。悪性黒色腫は D_q が大きくて SLD 回復があるために放射線抵抗性となっています。悪性リンパ腫のほうが放射線感受性は高いです。

正解　5

問題 6
　アポトーシスに関する記述として，誤っているものはどれか。
1　アポトーシスでは，DNAを断片化する遺伝子が発現して，細胞死に至る。
2　リンパ球は，1Gy以下の線量でアポトーシスを起こす。
3　アポトーシスは，一般に細胞分裂を経て起きる。
4　アポトーシスは，有害細胞を除去する機能の一つとなっている。
5　アポトーシスにおいては，クロマチンの凝縮が見られる。

解説

1 アポトーシスでは，核の断片化，アポトーシス小胞の形成，マクロファージ（大食細胞，貪食細胞，免疫担当細胞の一つで，異物や老廃物を捕食して消化します）による貪食，クロマチン（染色質，染色体を作る物質）の凝縮などが見られます。
2 リンパ球は，低感受性の間期死を起こしますが，これはアポトーシスと考えられています。正しい記述です。
3 アポトーシスは，通常細胞分裂を経ないで起きます。誤りです。
4 記述のとおりです。異常になってしまった細胞を排除することで個体全体に影響しないようにするための機能と考えられます。
5 クロマチンは染色質ともいわれ，染色体を作る物質のことです。アポトーシスにおいてクロマチンの凝縮が見られます。

正解 3

発展問題

問題7

図は数 Gy の全身被ばく時における末梢血液細胞数の時間的変化を示したものである。A〜D が表す正しい細胞の組合せはどれになるか。

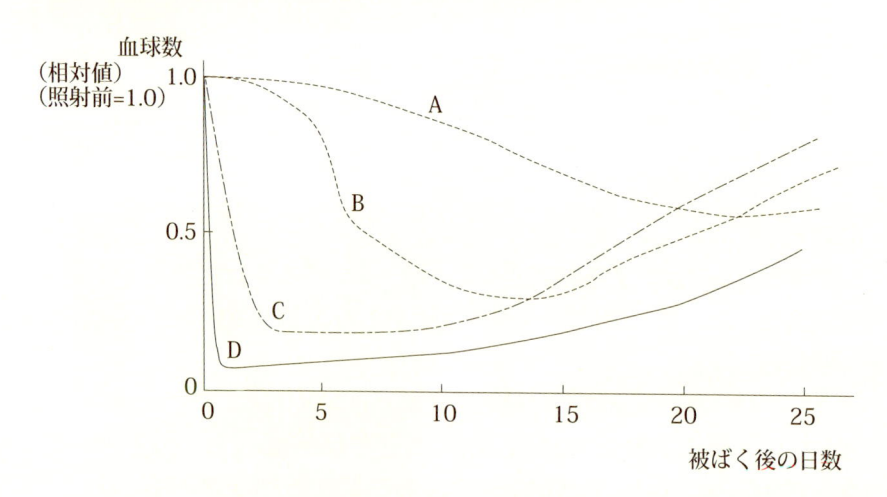

	A	B	C	D
1	血小板	赤血球	リンパ球	顆粒球
2	血小板	赤血球	顆粒球	リンパ球

3	赤血球	顆粒球	血小板	リンパ球
4	赤血球	血小板	顆粒球	リンパ球
5	赤血球	リンパ球	血小板	顆粒球

解説

　これらの細胞の中で，最も放射線感受性の高いものがリンパ球，逆に最も抵抗性の高いものが赤血球です。この情報で，3 と 4 だけが候補として残ります。次に，血小板と顆粒球を比較しますと，顆粒球がリンパ球ともに白血球の仲間に属すること（次の図を参照下さい）を考えますと，4 が選ばれます。

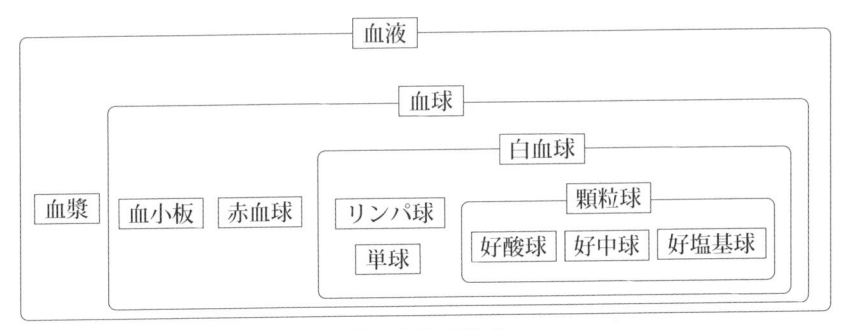

図　血液の構成

正解　4

問題 8

　放射線による発がんに関して，正しいものはどれか。

1　放射線による発がんは，基本的に内部被ばくによって起こる。
2　中性子線被ばくの場合のリスクは，中性子のエネルギーによらず一定である。
3　1Sv 以下の低線量率において，発がん率を LQ モデルで推定すると L モデルでの推定値より低くなる。
4　発がんは遺伝的影響に分類される。
5　放射線による乳がんの過剰発症率と線量との関係は LQ モデルがよく当てはまる。

解説

1 　放射線による発がんは，内部被ばくによっても外部被ばくによっても起こります。
2 　中性子線の放射線荷重係数は中性子のエネルギーに依存する関数として表されていますので，エネルギーによらず一定ということではありません。
3 　記述のとおりです。データのある線量率の領域でLモデルとLQモデルとを重ね合わせるようにしますと，それより低線量率の領域ではLQモデルのほうが下に来ます。

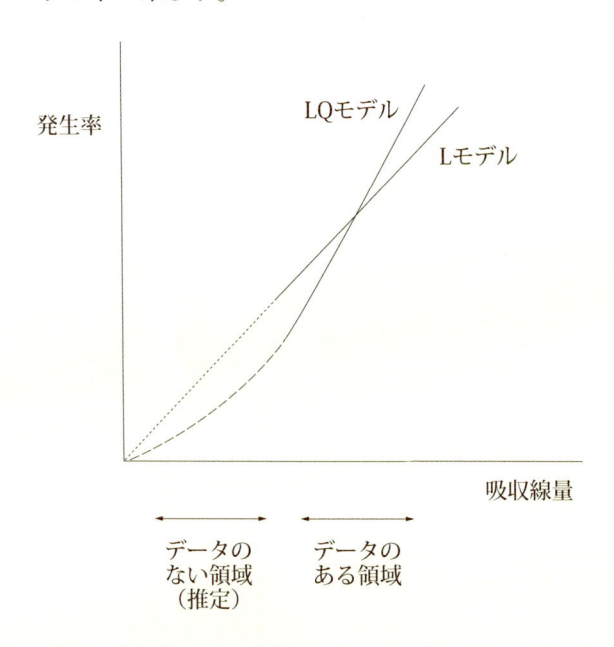

（図：発生率と吸収線量の関係を示すグラフ。LQモデルとLモデルの曲線が描かれ，「データのない領域（推定）」と「データのある領域」が示されている。）

4 　発がんは遺伝的影響ではなくて，自らの身体に発症しますので，身体的影響に分類されます。
5 　過剰発症という表現は，放射線を被ばくしなくても一定の乳がんの発症がありえますので，放射線によってそれに上乗せする分が過剰発症と捉えられます。乳がんはLQモデル（直線－二次曲線モデル）には当てはまらないとされています。白血病がLQモデルに適合するといわれています。

正解　3

第3章　放射線の生物学

2　放射性核種による生体への影響

3 放射線影響に関する各種側面

重要度 **C**

基礎問題

問題1

自然放射線に関する記述として，誤っているものはどれか。

1. 放射線業務の従事者以外の人間が放射線に被ばくすることはありえない。
2. 日本における自然放射線被ばくは平均で，1.5mSv／年程度とされている。
3. 宇宙線の放射能強さは地上で0.03μSv／h程度，高度10,000mの上空では5μSv／h程度のレベルとされている。
4. 内部被ばくの最大要因は，ラドンおよびその娘核種である。
5. ウラン系列による自然放射線被ばくは，外部被ばくよりも内部被ばくのほうが寄与率は高い。

解説

1. 放射線による被ばくは，航空機による飛行においても，レントゲン検査によるものもあります。また，自然界のカリウムの中に0.0117％の割合で放射性カリウム ^{40}K が含まれていますので，わずかながら一般の人も自然放射線による被ばくを受けています。この文章は誤りです。
2. 記述のとおりです。日本における自然放射線被ばくは平均で，1.5mSv／年程度とされています。
3. これも記述のとおりです。高度10,000mの上空は通常のジェット飛行機が飛行する高さですので，これによる被ばくもあります。
4. やはり記述のとおりです。放射性ラドンはウラン系列に属する放射性核種 ^{222}Rn で，α壊変して ^{216}Po になります。ラドンは希ガスに属する気体ですので，吸気に入り込んで内部被ばくに至ります。世界平均の自然放射線被ばく2.4mSv／年の全内部被ばくのうち，ラドンおよびその娘核種の放射能による被ばくは1.3mSv／年とされています。ラドンの

娘核種は気体ではありませんが，ラドンの状態で体内に入ってから壊変すると体内に残ることになります。
5 ウラン系列に希ガスに属する気体のラドンがあり，大気中に存在します。これが吸気から体内に入ることでの寄与率が高くなっています。

正解 1

問題 2

生物学的効果比（RBE）に関する記述として，正しいものはどれか。
1 RBE の基準としては，中性子線が用いられる。
2 照射の際の酸素濃度が変化しても RBE の値は変わらない。
3 照射時の線量率が変化しても，RBE の値は一定である。
4 RBE は，LET の増加とともに増大する。
5 RBE は，突然変異，発がん，細胞致死効果など，着目する作用の種類によって値は異なってくる。

解説．．．

放射線の線質（LET）の差による影響の違いを表す指標に RBE（生物学的効果比）があります。その定義は次のようになっています。分子が「基準放射線」，分母が「試験放射線」である点に注意下さい。

$$RBE = \frac{ある効果を得るために必要な基準放射線の吸収線量}{同じ効果を得るために必要な試験放射線の吸収線量}$$

1 中性子線のように強い放射線は基準にはされません。^{60}Co の γ 線が基準とされます。X 線や γ 線の RBE が 1.0 となります。
2 酸素効果によって酸素濃度が異なりますと，放射線作用の程度が変わりますので，RBE も変化します。
3 放射線の線量率効果により，同じ吸収線量であっても，線量率が変わりますと効果は変わってきます。RBE もそれに応じて変化します。
4 RBE は，LET が 100keV / μm 程度までは既述のとおりですが，それ以上の領域になりますと，減少します。
5 記述のとおりです。RBE は，突然変異，発がん，細胞致死効果など，着目する作用の種類によって値は異なってきます。

正解 5

問題3
　内部被ばくに関する記述として，誤っているものはどれか。
1　世界平均で見て，内部被ばく線量は外部被ばく線量よりも一般的に大である。
2　水にとけない粒子状の放射性物質でも体内に入れば内部被ばくの原因となる。
3　ラドンによる肺がんの発生では，喫煙との相乗作用が認められている。
4　ラドンおよびその娘核種の放射能による内部被ばくは1.3mSv / 年程度とされている。
5　RBEが大きな放射線を放出する核種は，一般に生物学的半減期が長い傾向にある。

解説・・・
1　記述のとおりです。希ガスであるラドンが吸気から体内に入ることになって内部被ばくをしています。
2　これも記述のとおりです。粉末状のものでも粒子状のものでも，鼻からでも口からでも体内に入りますと，放出される放射線によって内部被ばくを受けます。
3　ラドンの放射能と喫煙の害の相乗作用が認められています。ここの相乗作用とは，それぞれの要因単独の場合の和よりも，両方が同時に影響した場合のほうが大きいことをいいます。
4　やはり記述のとおりです。ラドンの娘核種は気体ではありませんが，ラドンの状態で体内に入ってから壊変すると体内に残ることになります。
5　RBEと生物学的半減期との間には，直接の関係はありません。誤りです。

正解　5

標準問題

問題4
　胎内被ばくに関する記述として，誤っているものはどれか。
1　被ばくによる胎児の発がんの確率は，成人のそれよりも高い。

2　奇形の発生確率が高い時期は，胎児期よりも器官形成期である。
3　着床前期の被ばくでは，がんが起こりやすい。
4　着床前期の被ばくでは，受精卵の死亡，すなわち流産も起こりやすい。
5　胎児期の被ばくでは，精神発達遅滞が起こりやすい。

解説
1　被ばくによる胎児の発がんの確率は，新生児期とほぼ同様のレベルで，成人のそれよりも高くなっています。2～3倍ともいわれます。
2　主要な臓器の形成される器官形成期（器官発生期）が影響を受けやすい時期となっています。
3　着床前期の被ばくでは，発がんのリスクもありますが，起こりやすいとまでは言えません。誤りです。
4　記述のとおりです。着床前期の被ばくでは，胚死亡になるかならないかの二者で all or none といわれます。
5　記述のとおりです。とくに，8～25週の時期に起こりやすくなっています。精神発達遅滞のしきい線量は 0.2～0.4Gy とされています。

正解　3

問題5
遺伝的影響に関する記述として，正しいものはどれか。
1　遺伝的影響は，確定的影響に分類される。
2　遺伝的影響には，しきい値が報告されている。
3　線量が増加すると遺伝的影響の発生頻度は増大する。
4　遺伝的影響は，体細胞の突然変異によって引き起こされる。
5　原爆被ばく者の調査から，多くの遺伝的疾患の増加が報告されている。

解説
1　遺伝的影響は，確定的影響ではなくて，確率的影響に分類されます。
2　遺伝的影響は確率的影響とされ，しきい値はないとされています。
3　これは記述のとおりです。線量が増加すると遺伝的影響の発生頻度は増大します。

3　放射線影響に関する各種側面　93

4 遺伝的影響は，体細胞の突然変異ではなくて，生殖細胞の突然変異によって引き起こされます。
5 原爆被ばく者の調査では，発がんの増加が認められてはいますが，ヒトの遺伝的疾患の統計的に有意な増加はほとんど確認されていません。

正解 3

問題 6

放射線の確定的影響に関する記述として，正しいものはどれか。
1 放射線の確定的影響においては，しきい線量は存在しない。
2 晩発障害には，確定的影響のものはない。
3 消化器系においては，胃の放射線感受性が最も高い。
4 放射線量が増加しても症状の重篤度は変わらないことが特徴である。
5 男性は，女性よりも低い線量で一時的な不妊になる。

解説
1 放射線の確定的影響では，しきい線量が存在します。
2 晩発障害にも，確定的影響のものはあります。白内障などは，晩発障害であって確定的影響の障害です。
3 消化器系においては，小腸の放射線感受性が最も高くなっています。
4 放射線量が増加しても症状の重篤度は変わらないのは，確率的影響の場合です。確定的影響の場合には，線量の増加とともに重篤度も増大します。
5 不妊は確定的影響です。男性では精子数の一時的減少（不妊につながる現象）が0.15Gy程度で見られますが，女性の一時的不妊は0.65〜1.5Gy程度とされています。これが正しい文章です。

正解 5

広島，長崎
第五福竜丸
スリーマイル
チェルノブイリ
そして，福島，…むにゃむにゃ

発展問題

問題7

内部被ばくの有効半減期を T_{eff} とする時，物理的半減期 T_p，生物学的半減期 T_b のある平均値を T_m と書くと，次の関係が成り立つという。ここでいうある平均値とはどのような平均値であるか。正しいものを選べ。

$$T_{\text{eff}} = T_m / 2$$

1　相加平均値　　2　相乗平均値　　3　対数平均値
4　調和平均値　　5　加重平均値

解説 ･･･

T_p と T_b についての，与えられた種類の平均値は次のようになります。

1　相加平均値　$\dfrac{T_p + T_b}{2}$　　2　相乗平均値　$\sqrt{T_p T_b}$

3　対数平均値　$\dfrac{T_p - T_b}{\ln(T_p / T_b)}$　　4　調和平均値　$\dfrac{2 T_p T_b}{T_p + T_b}$

5　加重平均値（T_p および T_b に関する加重をそれぞれ W_p および W_b として，）

$$\dfrac{T_p W_p + T_b W_b}{W_p + W_b}$$

一方，内部被ばくの有効半減期 T_{eff} は，物理的半減期 T_p および生物学的半減期 T_b で表しますと次のような関係があったことを思い出します。

$$\dfrac{1}{T_{\text{eff}}} = \dfrac{1}{T_p} + \dfrac{1}{T_b}$$

∴

$$\dfrac{1}{T_{\text{eff}}} = \dfrac{T_p + T_b}{T_p T_b}$$

この式の逆数をとって，すなわち，分母と分子を入れ替えて，

$$T_{\text{eff}} = \dfrac{T_p T_b}{T_p + T_b}$$

これは，よく見ますと，4 の調和平均の半分であることがわかります。

ここで，学習のために次の式を誘導しておきます。（試験において，この誘導を求められることはないと思いますが）

$$\frac{1}{T_{\text{eff}}} = \frac{1}{T_{\text{p}}} + \frac{1}{T_{\text{b}}}$$

該当核種の量を X とし，物理学的半減期と生物学的半減期に相当する壊変定数をそれぞれ λ_{p} と λ_{b} と書くことにしますと，X は物理学的理由と生物学的理由の両方で減少するのですから，X の減少に関わる微分方程式は次のようになります。

$$-\frac{dX}{dt} = \lambda_{\text{p}} X + \lambda_{\text{b}} X = (\lambda_{\text{p}} + \lambda_{\text{b}}) X$$

一方，壊変定数と半減期との関係は，次のようになります。

$$\lambda_{\text{p}} = \frac{\ln 2}{T_{\text{p}}} \qquad \lambda_{\text{b}} = \frac{\ln 2}{T_{\text{b}}}$$

従って，両方を合わせた半減期 T_{eff} は，総合された壊変定数 $\lambda_{\text{eff}} = \lambda_{\text{p}} + \lambda_{\text{b}}$ によって，次のように書けます。

$$T_{\text{eff}} = \frac{\ln 2}{\lambda_{\text{eff}}} = \frac{\ln 2}{\lambda_{\text{p}} + \lambda_{\text{b}}} = \frac{\ln 2}{\frac{\ln 2}{T_{\text{p}}} + \frac{\ln 2}{T_{\text{b}}}} = \frac{1}{\frac{1}{T_{\text{p}}} + \frac{1}{T_{\text{b}}}}$$

これで誘導ができました。

正解 4

問題 8

放射線防護効果に関する記述として，正しいものはどれか。

1　分子内に SH 基を持った化合物は，ラジカル・スカベンジャーとして作用する。
2　防護剤添加による放射線防護効果は，培養実験系においては証明されていない。
3　細胞内には，活性酸素を不活性化する酵素は存在しない。
4　放射線防護剤は，ラジカルによる DNA 損傷を修復する。
5　放射線防護剤は，がん治療などの療法に日常的に用いられている。

解説

1 これが記述のとおりです。ラジカル・スカベンジャーとはラジカル捕捉剤ともいわれ，ラジカルを不活性化し除去します。
2 防護剤添加による放射線防護効果は，培養実験系において証明されています。
3 細胞内には，活性酸素を不活性化する酵素は存在します。たとえば，カタラーゼは過酸化水素を不活性化（無毒化）します。
4 放射線防護剤は，ラジカルによるDNA損傷を修復することはありません。損傷の頻度や程度を減らす効果があるだけです。
5 放射線防護剤は，培養実験系では効果が確認されていますが，副作用などの問題もあって，必ずしも実用化には至っていません。

正解　1

> ちょっと一休み

〈3Dの眼を持った動物〉

　最近3D（三次元）のテレビなどが出ていますが，人間は数センチメートル離れた二つの眼を使って，立体的にものを見ることができる動物です。しかし，すべての哺乳類がこのような眼を持っているわけではなく，たとえば，馬などは外敵が来たことを知るために立体視はあきらめてむしろ360度に近い角度で周囲を見ているのだそうです。

　逆に，ヒトは視界の角度を犠牲にして，立体視を重視しているのだそうです。これは，木の上で生活するようになったサルの時代に発達した視力であって，木から木へ飛び移るためには，遠近感が分かって立体映像として精密でなければならなかったからでしょう。

　その代わり，視界の角度が狭くなったのですが，それは，仲間と群れをなして，コミュニケーション能力を高めることによって，外敵を発見して知らせる工夫をしてカバーしたのでしょう。

第4章

放射線の管理測定技術

ここでいう管理とは
品質管理のようなことなのかなぁ？

1 放射線の測定

重要度 A

基礎問題

問題 1
　NaI(Tl) シンチレータに関する記述として，誤っているものはどれか。
1　蛍光物質の代表例としては，NaI，CsI，LiI，ZnS，CaWO₄ などがある。
2　パルス波高は，印加電圧に強く依存する。
3　NaI(Tl) シンチレータの光電効果のほとんどは，よう素原子との間で起こる。
4　NaI(Tl) シンチレータにおいて，エネルギー分解能の絶対値は，入射光子のエネルギーにほぼ比例する。
5　NaI(Tl) シンチレータにおいて，冷却は要らない。

解説
1　記述のとおりです。それぞれの日本語名は NaI（よう化ナトリウム），CsI（よう化セシウム），LiI（よう化リチウム），ZnS（硫化亜鉛），CaWO₄（タングステン酸カルシウム）などとなっています。
2　これも記述のとおりです。パルス波高は，光電子増倍管の印加電圧に強く依存します。
3　やはり記述のとおりです。NaI(Tl) シンチレータの光電効果のほとんどは，よう素原子との間で起こります。
4　エネルギー分解能の絶対値は，入射光子のエネルギーの平方根にほぼ比例します。標準偏差が計数値の平方根になることと併せて頭に入れておきましょう。
5　記述のとおりです。NaI(Tl) シンチレータに冷却は要りません。

正解　4

問題2

電離箱式サーベイメータに関する記述として、誤っているものはどれか。

1　電離箱式サーベイメータでは、直流増幅器によって電離電流を増幅し測定している。
2　電離箱式サーベイメータは、一般に充てん気体としてヘリウムが使用される。
3　電離箱式サーベイメータは、1cm 線量当量率を測定する場合のエネルギー特性が良好である。
4　電離箱式サーベイメータは、β 線の線量測定が可能である。
5　電離箱式サーベイメータは、γ 線に対するエネルギー依存性が小さい。

解説

1　記述のとおりです。サーベイメータを超える高精度測定器では交流に変換して振動容量電位計を用いることもありますが、汎用的なサーベイメータでは直流増幅が行われます。
2　これは誤りです。電離箱式サーベイメータには、通常は充てん気体として空気が使用されます。
3　これは記述のとおりです。電離箱式サーベイメータは、1cm 線量当量率を測定する場合のエネルギー特性が良好です。
4　これも記述のとおりです。電離箱前面の壁（キャップ）を外し、薄窓を露出させることができますので、薄窓から直接に β 線を入射させることによって β 線の線量測定が可能です。
5　やはり記述のとおりです。電離箱式サーベイメータは、γ 線に対するエネルギー依存性が小さい機器です。

正解　2

問題3

GM 管式では、放射線が入射しても出力が現れない時間があり、これを不感時間といっている。不感時間は一般にどの程度とされているか。最も近いものを選べ。

1　1～2 µs　　2　10～20 µs　　3　100～200 µs
4　10～20 ms　5　100～200 ms

解説

　GM管式では，放射線が入射しても出力が現れない時間（すなわち，検出器が働いていない時間）があり，これを**不感時間**（通常100～200 μs）といいます。**3**が正解です。放射線強度が強すぎますと，不感状態が続き機能停止することがあり，これを**窒息現象**と呼びます。不感時間を含んでパルスが現れるまでの時間を**分解時間**，正常なパルスに戻るまでの時間を**回復時間**といいます。

$$不感時間 < 分解時間 < 回復時間$$

という大小関係になります。これらの現象による**数え落とし**の補正が必要となりますが，それは次のように行われます。分解時間を T [s]，（見かけの）計数率を n [cps = s^{-1}] としますと，**真の計数率** n_0 は，次の式で求められます。つまり，検出器が働いている時間の計数率に換算していることになります。

$$n_0 = \frac{n}{1-nT} \quad [\text{s}-1]$$

　ここで，n や n_0 は1秒間当たりの計数値で，cps 単位（count per second）となります。簡便には不感時間と分解時間を等しいとして扱うこともあります。

正解　**3**

標準問題

問題4

　GM計数管における数え落としに関する次の記述のうち，正しいものの組合せはどれか。ただし，実際の計数率を n [**cps**]，真の計数率を n_0 [**cps**]，分解時間を τ [**s**] とする。

A　GM計数管において，一般に $\tau \fallingdotseq 1\sim 2$ μs である。
B　n_0 に対する数え落としの割合は $n\tau$ である。
C　n と n_0 との τ の間には次の関係がある。
　　$n_0 = n(1-n\tau)$
D　GM計数管に入射した放射線のうち，計数されないものは1秒間当たり約 $n^2\tau$ である。

1　AB のみ　　2　ABD のみ　　3　BC のみ
4　BD のみ　　5　ABCD すべて

解説 ··

4 の BD のみが正解となります。

A GM 計数管において，一般に $\tau \fallingdotseq 100 \sim 200\,\mu s$ です。$\tau \fallingdotseq 1 \sim 2\,\mu s$ は小さすぎます。

B これは記述のとおりです。数え落としの割合が $n\tau$ ですので，数えたほうの割合は $1-n\tau$ となりますね。パーセント表示では数え落としの率は $n\tau \times 100$ となります。

C この記述は誤りです。正しい式は次のようになります。

$$n_0 = \frac{n}{1-n\tau}$$

n_0 のほうが n より大きい値でなければなりません。$1-n\tau$ は 1 より小さいので，$n_0 > n$ であるためにはこのような関係であるべきですね。

D 真の計数率 n_0 と実際の計数率 n との差が計数されないものとなりますので，それを計算してみますと，

$$n_0 - n = \frac{n}{1-n\tau} - n = \frac{n-n+n^2\tau}{1-n\tau} = \frac{n^2\tau}{1-n\tau}$$

ここで，τ は一般に 10^{-4} 程度の小さな数値ですから，$n\tau$ が 1 に比べて無視できるとしますと，次のように近似できます。これも正しい記述ですね。

$$n_0 - n = n^2\tau$$

正解 4

問題 5

高純度ゲルマニウム検出器に関する記述として，誤っているものはどれか。

1 検出器の形状として，円筒型，井戸型，平板型などがある。
2 高純度ゲルマニウムには潮解性がある。
3 電子－正孔対を 1 個生成するための平均エネルギーは W 値と呼ばれるが，Ge の W 値は，気体のそれよりも小さい。
4 ^{60}Co の γ 線に対する固有の検出効率は，同体積の NaI(Tl) 検出器より小さい。
5 数 keV という低エネルギーの特性 X 線を測定できるものもある。

解説

　高純度ゲルマニウム検出器による検出について，高エネルギーのγ線検出には大きな空乏層が必要ですので，円筒状の高純度ゲルマニウム結晶の中心部分からリチウムを熱拡散させて陽極とし，外周からはほう素を注入して陰極とします。この電極間に高電圧をかけますと，厚い空乏層が円筒状に発生します。ゲルマニウムの原子番号は 32 と大きいため，光電効果によってγ線の検出が容易です。使用時には半導体の熱による電流漏れを防ぐために，液体窒素温度（77K）に冷却します。（長い時間使用しない場合には常温にしてもかまいません。）これにも，円筒型の他に，井戸型（ウェル型）や平板型（プレーナ型，低エネルギーγ（X）線用）もあります。

1　解説にありますように，記述のとおりです。
2　これは誤りです。潮解性とは，空気中の水分を吸ってそれに溶ける現象ですが，高純度ゲルマニウムに潮解性はありません。潮解性は NaI などにあります。
3　記述のとおりです。気体の W 値が 27〜38eV 程度であるのに対して，Ge の W 値は 3.0eV，シリコンで 3.6eV です。
4　比重で比較しますと，Ge が 5.3，NaI(Tl) で 3.67 です。この比較では Ge がコンパクトのようですが，原子番号が Ge で 32，NaI(Tl) は実効値として 51 となっていて光電効果の寄与が大きく，NaI(Tl) のほうが全吸収検出効率は大きくなっています。
5　広領域型というタイプの高純度ゲルマニウム検出器は，数 keV という低エネルギーの特性 X 線も測定できます。

正解　2

問題6

蛍光作用を利用した線量計に関する記述として，正しいものはどれか。

1. 熱蛍光作用とは，熱ルミネッセンス作用ともいわれ，エックス線の照射による電離作用の結果生じた電磁波が結晶中の格子欠陥に捕捉され蓄積され，それを加熱すると，捕捉されていた電磁波が開放されて蛍光を発する現象のことである。
2. 蛍光物質からの光は微弱なので，これを増幅する必要があるが，一般に光電子倍増管で大きな電気信号に変換される。
3. 熱ルミネッセンス作用に基づいた線量計を熱蛍光線量計と呼んで，LTD などと略記する。
4. 熱蛍光線量計においては，熱ルミネッセンス物質を，ロッド状，ペレット状，シート状に成型した素子として使われ，これをホルダーに収めて線量計とする。
5. 熱蛍光線量計の素子は，一度使用すると再使用ができない。

解説

1. エックス線の照射による電離作用の結果生じるものは電磁波ではなくて，自由電子です。その自由電子が結晶中の格子欠陥に捕捉され蓄積されるのですが，その結晶を加熱すると，捕捉されていた電子が開放されて蛍光を発するのです。
2. 蛍光物質からの光を増幅する機器は，光電子倍増管とは言わずに，増と倍の文字が入れ替わっているだけですが，光電子増倍管といわれます。
3. 熱ルミネッセンス作用に基づいた線量計が熱蛍光線量計であることは正しいですが，その略記は Thermal Luminescence Dosimeter の頭文字から TLD とされます。
4. これは正しい記述です。ロッド状は棒状，ペレット状は粒状，シート状は平面状の形状を意味しています。
5. 熱蛍光線量計の素子は，一度使用しても 400～500℃ の熱処理である加熱アニーリングをすることで再利用が可能です。加熱測定によって捕捉されていた電子の開放が一斉に行われますので，一回の測定においては読み取りが一回だけとなっています。

正解　4

発展問題

問題 7

化学作用に関する次の記述において，正しいものはどれか。

1 化学作用の最終検出は，一般に化学変化による水溶液の色の変化が赤外線吸収の吸光度で測定される。
2 セリウム線量計は，次の反応を利用した線量計である。
 $Ce^{4+} + e^- \rightarrow Ce^{3+}$
3 セリウム線量計では，酢酸セリウムの水溶液がよく用いられる。
4 鉄線量計は，フリッケ線量計ともいわれ，硫酸第一鉄の鉄イオンが還元される反応を利用したものである。
5 鉄線量計では，塩酸第一鉄の水溶液が最も多く用いられる。

解説

1 化学変化による水溶液の色の変化は赤外線吸収では測定できません。これは紫外線吸収による測定です。紫外線吸収分光光度計が用いられます。
2 これが正しい記述です。セリウム線量計は，Ce^{4+} が Ce^{3+} に変わる反応を利用した線量計です。金属の右肩の数字（プラスの価数）が増えると酸化，減ると還元されたことになります。
3 セリウム線量計でよく用いられる水溶液は，硫酸セリウム $Ce(SO_4)_2$ の水溶液です。
4 鉄線量計は，確かにフリッケ線量計ともいわれますが，硫酸第一鉄の鉄イオンが（還元ではなくて）酸化される反応を利用したものです。
5 鉄線量計では，塩酸第一鉄ではなくて，硫酸第一鉄（$FeSO_4$）が最も多く用いられます。

正解　2

問題8

熱ルミネッセンス線量計についての文章として，正しいものはどれか。

1 線量の読み取りに際して，一度読み取りに失敗しても，再び読み取ることができる。
2 加熱温度と熱蛍光強度との関係を示す曲線をプラトー曲線と呼んでいる。
3 一度使用した素子は，アニーリングをすることで，再び使用することができるようになる。
4 熱ルミネッセンス線量計は，フィルムバッジより最低検出線量が大きく，また，線量の測定範囲が狭い。
5 熱ルミネッセンス線量計の素子ごとの性能のばらつきはほとんどない。

解説

熱蛍光作用（熱ルミネッセンス作用，Thermo-luminescence）について説明します。

一部の物質の結晶では，エックス線の照射による電離作用の結果生じた自由電子（原子核に束縛されていない電子）が結晶中の格子欠陥に捕捉され蓄積されることがあります。そのような結晶を加熱しますと，捕捉されていた電子が開放されてこの段階で蛍光を発します。この現象を**熱蛍光作用**（熱ルミネッセンス作用）といいます。

熱ルミネッセンス量は，吸収した放射線のエネルギーである吸収線量に比例しますので，照射された積算線量を知ることができます。加熱温度と熱ルミネッセンス量との関係曲線を**グロー曲線**（グローカーブ）と呼んでいます。

熱蛍光作用を行う結晶は熱蛍光物質，熱ルミネッセンス物質などと呼ばれ，ふっ化リチウム（LiF），ふっ化カルシウム（CaF_2），硫酸カルシウム（$CaSO_4$），硫酸ストロンチウム（$SrSO_4$）などがあります。

この原理を用いた熱蛍光線量計（Thermal Luminescence Dosimeter, TLD）は，熱ルミネッセンス物質を，ロッド状（棒状），ペレット状（粒状），シート状（平面状）に成型した素子が使われ，これをホルダーに収めて線量計とします。読み取り装置（リーダ）で積算線量を読み取りますが，**加熱アニーリング**（400〜500℃の熱処理）することで再利用もでき

ます。広いエネルギー範囲の線量を測定できます。形も小さく1cm線量当量の測定ができるという長所もあります。ただ，加熱によって捕捉されていた電子の開放が一斉に行われますので，読み取りは一回だけとなっています。しかし，読み取った後の素子は繰り返し使用できます。

1　線量の読み取りに際して，一度読み取りに失敗しますと，データが失われてしまいますので，再び読み取ることはできません。
2　加熱温度と熱蛍光強度との関係を示す曲線はグロー曲線と呼ばれています。
3　これは記述のとおりです。一度使用した素子は，アニーリングをすることで，再び使用することができるようになります。
4　熱ルミネッセンス線量計は，フィルムバッジよりも測定可能な最低検出線量が小さいです。また，線量の測定範囲もフィルムバッジより広いです。
5　素子ごとの感度のばらつきは若干程度あります。

正解　3

2 放射線の管理

重要度 B

基礎問題

問題 1

試料の全計数率が $200\pm10\mathrm{cpm}$, バックグラウンド計数率が $20\pm5\mathrm{cpm}$ であった。真の計数率はどのようになると考えられるか。

1 $180\pm5\mathrm{cpm}$
2 $180\pm8\mathrm{cpm}$
3 $180\pm11\mathrm{cpm}$
4 $180\pm14\mathrm{cpm}$
5 $180\pm17\mathrm{cpm}$

解説

放射能の計数値 N（ここでは原子数ではありません）の統計として，N は非常に大きな数ですので，正規分布に従うとみなされます。その時の標準偏差 σ（これも核反応断面積ではありませんので，ご注意下さい）は，計数値の平方根 $\sqrt{N}$ とされています。これは覚えておいて下さい。

計数値は，計数値の平均値（計数値の期待値）と標準偏差（計数誤差の大きさ）とで次のように表されます。

　　（計数値）±（計数誤差）＝ $N\pm\sqrt{N}$

真の計数率は平均値としては全計数率からバックグラウンド計数率を引いたものですので $200-20=180$ となります。±の次に記されているのは標準偏差です。二つの量の和あるいは差については，それらの分散（標準偏差の2乗）の和が合成された分散となりますので，標準偏差の2乗の和を求めて，

　　$10^2+5^2=100+25=125$

この平方根をとれば求める標準偏差値は，

　　$125^{1/2}=11.2$

よって，180 ± 11

正解 3

問題 2

　計数値の統計誤差を計数値の a% 以下にするために，必要な最小の計数値の数はどのようになるか．

1　$\dfrac{a}{100}$　　2　$\dfrac{100}{a}$　　3　$\dfrac{10,000}{a}$

4　$\dfrac{a^2}{10,000}$　　5　$\dfrac{10,000}{a^2}$

解説……………………………………………………………………………

　前問の解説にありますように，計数値は，計数値の平均値（計数値の期待値）と標準偏差（計数誤差の大きさ）とで次のように表されます．

　　（計数値）±（計数誤差）＝ $N \pm \sqrt{N}$

　本問では，統計誤差（計数誤差）を N の a% 以下にするというのですから，次の関係が成り立つ必要があります．

$$\dfrac{\sqrt{N}}{N} \leqq \dfrac{a}{100}$$

これから，

$$\dfrac{1}{\sqrt{N}} \leqq \dfrac{a}{100}$$

両辺を 2 乗して，

$$\dfrac{1}{N} \leqq \dfrac{a^2}{10,000}$$

∴

$$\dfrac{10,000}{a^2} \leqq N$$

この式の左辺が N の最小値であるべきですね．

正解　5

問題 3

　放射線の遮へいに関する記述として，誤っているものはどれか．

1　a 線は 0.25mm 程度の薄いゴム手袋でも遮へいできる．
2　高エネルギー β 線は，制動放射線に対する遮へいも必要となる．
3　γ 線の遮へいのためには，原子番号の小さな物質で行うことがよい．
4　γ 線に対する鉛の遮へい能力は，同じ厚さの鉄によるそれよりも大き

い。
5　中性子線の遮へいでは，捕獲γ線の遮へいも考慮する必要がある。

解説
1　記述のとおりです。α線は透過力が小さいので，その飛程も数 cm です。
2　β線などの荷電粒子が電場などによって減速側に加速度を受けて減速する際に失うエネルギーの分だけX線を放出します。これを制動X線と呼んでいます。強いβ線では，これに対する遮へいも必要となります。
3　これは誤りです。遮へいは原子番号の大きなもので行うことがよいのです。原子番号が大きいほど一般に密度も大きくて遮へい効果が高くなります。
4　記述のとおりです。鉛のほうが遮へい能力は大です。
5　中性子線が原子核に衝突する際，励起された複合核が生成し，これにより過剰になったエネルギーがγ線として放出されることがあります。これが捕獲γ線です。これに対する遮へいも考慮することが必要です。

正解　3

標準問題

問題4
　放射線同位元素を用いた機器とその原理に関する記述として，誤っているものはどれか。
1　静電除去装置では，α線やβ線の電離作用によって生じる帯電体の中和が利用されている。
2　水分計は試料に含まれる酸素が速中性子を減速させることを利用している。
3　ラジオグラフィー用の線源としては，露出時間を短くするために，一般に放射能の強いものが適している。
4　241Am や 226Ra などは直接に中性子を放出することはないが，これらが放出するα線が Be に衝突して（α, n）反応を起こし，中性子を放出する。この中性子が水分計に利用されている。
5　192Ir から放出されるγ線のエネルギーは300keV 付近に集中していて

非破壊検査に利用しやすいものとなっている。

解説……………………………………………………………………………………

正解は **2** となります。放射線利用機器と利用されている核種のおもなものを表にまとめますと次のようになります。試験にもこれらの中からかなり出題されています。

表　放射線利用機器と利用されている核種

利用機器	利用核種
硫黄分析計	^{55}Fe（励起型），^{241}Am（透過型）
骨塩定量分析装置	^{125}I，^{241}Am
インターロック装置	^{60}Co
たばこ量目制御装置	^{90}Sr
厚さ計	^{85}Kr，^{90}Sr，^{137}Cs，^{147}Pm，^{204}Tl，^{241}Am
密度計，レベル計	^{60}Co，^{137}Cs
水分計[1]	^{226}Ra−Be，^{241}Am−Be，^{252}Cf，
スラブ位置検出装置[2]	^{60}Co
蛍光X線装置	^{55}Fe，^{241}Am
煙感知器	^{241}Am
非破壊検査装置	^{60}Co，^{137}Cs，^{192}Ir
ラジオグラフィー[3]	^{137}Cs，^{192}Ir
ガスクロマトグラフ用ECD[4]	^{63}Ni

1) 水分計は中性子線を利用しています。^{226}Ra や，^{241}Am は直接に中性子を出しませんが，これらが放出する α 線が Be に衝突して（α, n）反応を起こし，中性子が放出されます。
2) スラブとは，製鉄工程における厚めの圧延鋼材のことをいいます。
3) ラジオグラフィーとは，放射線を用いて画像を作る方法の総称で，X線写真もこれに属します。
4) ガスクロマトグラフ用ECDとは，ガスクロマトグラフの検出器（濃度測定部）として用いられる者の一種で，電子捕獲型検出器のことです。

1　記述のとおりです。静電除去装置には遮へいが簡単なことや飛程が短いことなどから，α 線や β 線の放射体で半減期の長いものが用いられます。

2 　誤りです。水分計は，酸素ではなくて，水素による速中性子減速を利用しています。速中性子は自身とほぼ同じ大きさの水素と作用しやすい性質を持っています。

3 　記述のとおりです。ラジオグラフィーとは，放射線を用いて画像を作る方法の総称で，X線写真もこれに属します。また，溶接部分の検査などにも用いられます。軽い元素の試料には中性子線が適しています。

4 　これも記述のとおりです。^{241}Am や ^{226}Ra などは直接に中性子を放出することはありませんが，これらが放出する α 線が Be に衝突して (α, n) 反応を起こし，中性子を放出します。この中性子が水分計に利用されています。

5 　やはり記述のとおりです。^{192}Ir から放出される γ 線のエネルギーは 300keV 付近に集中していて非破壊検査に利用しやすいものとなっています。

正解　2

問題 5

γ 線の点線源の近くで働く放射線業務従事者への被ばくを 1/4 にするための措置として正しいものの組合せは次のうちどれか。ただし，この鉛板の半価層は 1.0cm であるとする。また，log 2 = 0.3 を用いてよい。

A　作業箇所を遮へいするような鉛板（厚さ 2.0cm）を設ける。
B　作業者が作業する位置を約 2 倍の距離に遠ざける。
C　作業者の作業時間を 1/4 にする。
1　A のみ　2　A と B のみ　3　B のみ　4　B と C のみ
5　ABC のすべて

解説
5 の「ABC のすべて」が正しいことになります。

A　正しい記述です。半価層を $x_{1/2}$ と書くことにしますと，半価層が $x_{1/2}$ の材料で放射線の強度を $1/n$ に減弱する時に必要な厚さ x を含む関係式は次のようになります。

$$1/n = (1/2)^{x/x_{1/2}}$$

本問では 1/4 にするので，それと $x_{1/2} = 1.0$cm とを代入しますと，

$$1/4 = (1/2)^x$$

∴
$$4 = 2^x$$
したがって，
$$x = 2.0\,\text{cm}$$

B これも正しい記述です。点線源からの放射線の強度は距離の2乗に反比例しますので，距離を $\sqrt{4} = 2$ 倍にしますと，放射線強度は 1／4 になります。

C これもやはり正しい記述です。被ばく量は作業時間に比例しますので，作業時間を 1／4 にすることでも被ばく量を 1／4 にできます。

正解　5

問題 6

^{60}Co 密封線源から 3m 離れた位置の 1cm 線量当量率を測定したところ 64 μSv／h であった。これを 4cm の厚さの鉛板で遮へいすると，1cm 線量当量率はどの程度まで下がると見られるか。ただし，^{60}Co からの γ 線のこの鉛板に対する線減弱係数は $0.69\,\text{cm}^{-1}$ で，$\ln 2 = 0.69$ とし，散乱 γ 線による影響はないものとする。

1　1 μSv／h　　2　2 μSv／h　　3　3 μSv／h　　4　4 μSv／h　　5　5 μSv／h

解説……………………………………………………………………………………

放射線減弱係数を用いた解法

物質中における放射線の強度 I [μSv／h] は，物質への入射直後の強度 I_0 と，物質への入射深さ x [cm] とにより減弱係数 μ を用いて，次のように表されます。

$$I = I_0 \exp(-\mu x)$$

この関数を減弱関数ということがあります。本問において，この式に，$I_0 = 64\,\mu\text{Sv}/\text{h}$，$x = 4\,\text{cm}$，$\mu = 0.69\,\text{cm}^{-1}$ などを代入しますと，

$$I = 64 \exp(-0.69 \times 4) = 64\{\exp(0.69)\}^{-4}$$

ここで，$\exp x = e^x$ であることと，公式 $a^{xy} = (a^x)^y$ を用いています。

しかるに，$\ln 2 = 0.69$ が与えられていることと，exp と ln は互いに逆関数なので $\exp(\ln x) = x$ ですから，

$$I = 64\{\exp(0.69)\}^{-4} = 64\{\exp(\ln 2)\}^{-4} = 2^6 \cdot 2^{-4} = 2^2 = 4\,\mu\text{Sv}/\text{h}$$

ちなみに，問題に 3m という距離が与えられていますが，この数字は使う必要がありません。惑わされないようにお願いします。

半価層を用いた解法

鉛板の半価層 $x_{1/2}$ をと書くことにしますと，次のような関係があります。

$$x_{1/2} = \frac{\ln 2}{\mu}$$

この式に，$\mu = 0.69 \text{cm}^{-1}$ を代入しますと，

$$x_{1/2} = \frac{0.69}{0.69} = 1.0$$

つまり，半価層が 1.0cm なので，1cm の鉛板で放射線の強度が半分になるということになります。これによれば，4cm の鉛板では $(1/2)^4$ 倍 = 2^{-4} 倍になりますので，

$$64 \times 2^{-4} = 2^6 \times 2^{-4} = 2^2 = 4 \, \mu\text{Sv}/\text{h}$$

なお，本問では，^{60}Co の鉛板における減弱係数が 0.69 とされていますが，0.68 のほうが実際の値に近いことから，0.68 と与えられることもあります。しかし，その場合でも $0.68 \div 0.69 \fallingdotseq 1.0$ として計算しても差し支えありません。その理由は選択肢が $1 \, \mu\text{Sv}/\text{h}$ の間隔で与えられているからです。もし選択肢が $0.01 \, \mu\text{Sv}/\text{h}$ の間隔で与えられているとそのような大雑把な計算はできないことになります。

正解 4

発展問題

問題 7

密封点線源（^{60}Co，800MBq）を鉛容器（厚さ 2cm）に格納した。この容器の外側であって，容器中心から 3m の位置における位置での 1cm 線量当量率（$\mu\text{Sv}/\text{h}$）として最も近い値はどれになるか。ただし，線源 ^{60}Co の 1cm 線量当量率定数を $0.35 \, \mu\text{Sv}\cdot\text{m}^2/(\text{MBq}\cdot\text{h})$，この鉛の半価層を 1cm として，散乱線の影響はないものとする。

1　$8 \, \mu\text{Sv}/\text{h}$　2　$12 \, \mu\text{Sv}/\text{h}$　3　$16 \, \mu\text{Sv}/\text{h}$　4　$20 \, \mu\text{Sv}/\text{h}$　5　$24 \, \mu\text{Sv}/\text{h}$

解説……………………………………………………………………………………

線源から距離 r [m] で作業する時の1cm線量当量率 H [μSv/h] は，線源の放射能を Q [MBq]，1cm線量当量率定数を Γ_E [μSv·m²/(MBq·h)] としますと，次のように求められます。

$$H = Q \cdot \Gamma_E / r^2$$

まず，遮へいはないものとして，この式を適用しますと，

$$H = 800 \times 0.35 / 3^2 = 31.1 \text{ μSv/h}$$

一方，鉛による遮へい後の線量 I は遮へい前の線量 I_0 と遮へい体の厚さ x と半価層 $x_{1/2}$ とにより，次のようになります。

$$I = I_0 (1/2)^{x/x_{1/2}}$$

したがって，本問において，鉛による遮へいがあったとしますと，

$$I = 31.1 \times (1/2)^{2/1} = 7.78 \text{ μSv/h}$$

正解 1

問題8

時定数が 10s に設定されていた GM 計数管の指示が 7,200cpm を示しているという。この時の相対標準偏差として最も近いものはどれか。

1　0.8%　　2　1.4%　　3　2.0%　　4　2.6%　　5　3.2%

解説……………………………………………………………………………………

放射能測定に関するサーベイメータなどは，統計的なゆらぎが常に起こります。その揺れの大きさは測定器の時定数 τ（抵抗 R とコンデンサ電気容量 C とで形成される回路で $\tau = RC$）に依存します。メータの指示 x は通常測定時間 2τ の計数値であるとみなされます。つまり，計数率を y としますと $x = 2\tau y$ となります。τ を大きく設定しますと，計数率を正確に読み取りやすくなりますが，計数率の変化に対する追随は遅くなります。

本問で得られた計数率は，cps 表示では，

$$7{,}200 \div 60 = 120 \text{cps}$$

となります。

メータの指示は通常測定時間 2τ の計数値であるとみなされますので，ここでは，

$$120\text{cps} \times (2 \times 20) = 4{,}800 \text{ カウント}$$

という総カウント数であるとみなしてよいことになります。

計数誤差を計数値で割った相対誤差（相対標準偏差）は，総カウント数を N としますと，次のようになります。

$$\frac{\sqrt{N}}{N} = \frac{1}{\sqrt{N}}$$

よって，ここでは，次のように計算されます。

$$\frac{1}{\sqrt{4,800}} = 0.0144 = 1.44\%$$

正解　2

第5章

放射線の関係法令

1 放射線の関係法令

重要度 B

基礎問題

問題1

放射線障害防止法の目的に関する次の条文に関して，（ A ）～（ D ）の中に入るべき適切な語句の組合せを選択肢より選べ。

この法律は，（ A ）の精神にのっとり，（ B ）の使用，販売，賃貸，廃棄その他の取扱い，（ C ）の使用及び（ B ）によって汚染された物の廃棄その他の取扱いを規制することにより，これらによる放射線障害を防止し，（ D ）を確保することを目的とする。

	（ A ）	（ B ）	（ C ）	（ D ）
1	原子力基本法	放射性同位元素	放射線発生装置	公共の安全
2	原子力基本法	放射性物質	放射線発生装置	公衆の安全
3	原子力安全法	放射性同位元素	放射線発生機器	公共の安全
4	原子力安全法	放射性同位元素	放射線発生装置	公共の安全
5	原子力安全法	放射性物質	放射線発生機器	公衆の安全

解説

法の第1条と第2条については，このような形での出題が非常に多くなっています。似たような語句であっても，法律で用いられているものが正しいとされますので，文章を繰り返し読んでおいて下さい。

正しい第1条を次に示します。ご確認下さい。1が正解ですね。

> （目的）
> 第1条　この法律は，原子力基本法の精神にのっとり，放射性同位元素の使用，販売，賃貸，廃棄その他の取扱い，放射線発生装置の使用及び放射性同位元素によって汚染された物の廃棄その他の取扱いを規制することにより，これらによる放射線障害を防止し，公共の安全を確保することを目的とする。

正解　1

問題 2

次に示す粒子線又は電磁波の中で，その有するエネルギーによっては放射線障害防止法にいう「放射線」に該当しないものがあるのはどれか。

1　陽子線　　2　重陽子線　　3　アルファ線
4　ベータ線　　5　電子線

解説……………………………………………………………………………

放射線障害防止法第2条において，「放射線」とは，原子力基本法第3条第5号に規定する放射線をいう，とされていて，さらに原子力基本法第3条第1項第5号で「「放射線」とは，電磁波又は粒子線のうち，直接又は間接に空気を電離する能力をもつもので，政令で定めるものをいう。」とされています。その政令（核燃料物質，核原料物質，原子炉及び放射線の定義に関する政令）の第4条は次のとおりです。

同条第4号にありますように，電子線及びエックス線だけは1MeV以上というエネルギーの条件が付いています。その他のものはエネルギーに無関係に放射線に該当することになります。また，ベータ線も電子の流れではありますが，電子線とは区別されていますね。

核燃料物質，核原料物質，原子炉及び放射線の定義に関する政令

> （放射線）
> 第4条　原子力基本法第3条第5号の放射線は，次に掲げる電磁波又は粒子線とする。
> 一　アルファ線，重陽子線，陽子線その他の重荷電粒子線及びベータ線
> 二　中性子線
> 三　ガンマ線及び特性エックス線（軌道電子捕獲に伴って発生する特性エックス線に限る。）
> 四　一メガ電子ボルト以上のエネルギーを有する電子線及びエックス線

正解　5

問題 3

放射線業務従事者に対する放射線の線量限度に関する次の表において，誤っている欄は1～5のうちのどれか。

実効線量限度	等価線量限度
1 50mSv／1年間（4月1日を始期とする）	眼の水晶体で150mSv／1年間
2 100mSv／5年間（平成13年4月1日以降5年ごと）	皮膚500mSv／1年間
3 妊娠可能女子 5mSv／3月間[1]	
4 妊娠中女子の内部被ばくについて1mSv[2]	5 妊娠中女子の腹部表面1mSv

1) 妊娠不能と診断された者や妊娠の意思のない旨を使用者等に申し出た者，妊娠中の者を除き，4月1日，7月1日，10月1日，1月1日を始期とする3月間で扱われる。
2) 本人の申し出等によって妊娠の事実を知った時から出産までの期間とされる。

解説……………………………………………………………………………………

5の「妊娠中女子の腹部表面1mSv」とありますのは，2mSvの誤りです。内部被ばくが1mSvとなっていますが，外部被ばくになりますので，1mSvよりは若干ゆるくなっています。

正しい表を掲げますので，ご確認をお願いします。

表　放射線業務従事者の線量限度

実効線量限度	等価線量限度
50mSv／1年間（4月1日を始期とする）	眼の水晶体で150mSv／1年間
100mSv／5年間（平成13年4月1日以降5年ごと）	皮膚500mSv／1年間
妊娠可能女子 5mSv／3月間[1]	
妊娠中女子の内部被ばくについて1mSv[2]	妊娠中女子の腹部表面2mSv

1) 妊娠不能と診断された者や妊娠の意思のない旨を使用者等に申し出た者，妊娠中の者を除き，4月1日，7月1日，10月1日，1月1日を始期とする3月間で扱われる。
2) 本人の申し出等によって妊娠の事実を知った時から出産までの期間とされる。

正解 5

標準問題

問題 4

放射線を発生するものの下限濃度や下限数量に関する記述として，誤っているものはどれか。

1. 放射性同位元素を装備している硫黄計は，放射性同位元素装備機器として扱われる。
2. 線源の濃度や数量が下限をこえているか否かを判断する単位として，密封線源では，線源当たりを判断単位とする。
3. 線源の濃度や数量が下限をこえているか否かを判断する単位として，非密封線源では，工場あるいは事業場を判断単位とする。
4. 複数の核種がある場合には，核種ごとの数量の下限数量に対する和が1を超える場合に「下限数量を超える」とみなされる。
5. 放射線発生装置は，その表面から10cm離れた位置における最大線量当量率が1cm線量当量率について500nSv/hをこえるものが該当する。

解説

5. 放射線発生装置は，その表面から10cm離れた位置における最大線量当量率が1cm線量当量率について「600nSv/hをこえるもの」が該当します。「500nSv/hをこえるもの」ではありません。

正解 5

問題 5

放射線に関する管理区域に関する記述として，誤っているものはどれか。

1. 放射線に関する管理区域は，外部放射線に係る線量，空気中の放射性同位元素の濃度，あるいは，放射性同位元素による汚染物表面の放射性同位元素密度によって規定される。
2. 外部放射線に係る線量が実効線量で3月間について1.3mSvを超える場所は管理区域である。
3. 空気中の放射性同位元素の濃度が3月間平均で空気中濃度限度の1/2を超える場所は管理区域である。

4 放射性同位元素によって汚染される物の表面の放射性同位元素の密度が表面密度限度の1/10を超える場所は管理区域である。
5 外部放射線に係る線量と空気中の放射性同位元素の濃度の両方が該当するおそれのある場合には，それぞれの限度値に対する割合の和が1を超える時に管理区域となる。

解説
3 空気中の放射性同位元素の濃度は3月間平均で空気中濃度限度の1/2ではなくて1/10を超える場所とされています。

正解　3

問題6

次に示すものを使用する場合，放射線障害防止法の規制を受けるものはどれか。ただし，それぞれの濃度は下限濃度をこえるものとする。
1 数量が3.7MBqの密封されていないトリチウム（下限数量1×10^9Bq）
2 数量が3.7kBqの密封されていないストロンチウム90（下限数量1×10^4Bq）
3 数量が3.7kBqの密封されていないストロンチウム90（下限数量1×10^4Bq）と数量が3.7MBqの密封されていないトリチウム（下限数量1×10^9Bq）
4 数量が3.7kBqの密封されていない炭素14（下限数量1×10^7Bq）と数量が370kBqの密封されていないクロム51（下限数量1×10^7Bq）
5 数量が370kBqの密封されていないりん32（下限数量1×10^5Bq）と数量が37MBqの密封されていない硫黄35（下限数量1×10^8Bq）

解説
「放射性同位元素」とは，放射線を放出する同位元素及びその化合物並びにそれらの含有物であって，「濃度」と「数量」の両方が，それぞれ一定の基準値をこえるものをいいます。この問題では，濃度は基準値をこえているということですので，数量だけを考えます。それぞれの数量の下限値に対する割合を求め，それらを積算して1との比較をします。

1 　$3.7\text{MBq} < 1 \times 10^9 \text{kBq} = 10^3 \text{MBq}$ ですから，下限濃度は上回っているとしても，下限数量を下回っていますので，規制を受けません。
2 　$3.7\text{kBq} < 1 \times 10^4 \text{kBq} = 10\text{kBq}$ です。これも下限数量を下回っていますので，規制を受けません。
3 　複数の物質になりますので，基準値との割合を積算します。
$3.7\text{kBq}/(1 \times 10^4 \text{kBq}) + 3.7\text{MBq}/(1 \times 10^9 \text{kBq}) = 0.3737 < 1$
結局，1を下回っていますので，該当しません。
4 　$3.7\text{kBq}/(1 \times 10^7 \text{kBq}) + 370\text{kBq}/(1 \times 10^7 \text{kBq}) = 0.0407 < 1$
やはり，1を下回っていますので，該当しません。
5 　$370\text{kBq}/(1 \times 10^5 \text{kBq}) + 37\text{MBq}/(1 \times 10^8 \text{kBq}) = 4.07 > 1$
これは，こえていますので，対象となります。

正解　5

発展問題

問題7

放射線の線量限度等に関する次の表において，誤りのある欄は1～5のうちのどれか。

場所	線量限度 （実効線量）	濃度限度[1]	表面汚染の限度
放射線施設内の人が常時立ち入る場所	1 1mSv／週	空気中濃度限度：1週間の平均濃度が数量告示別表2第4欄の濃度	表面密度限度[2]
管理区域の境界	2 1.3mSv／3月	3 3月間の平均濃度が空気中濃度限度の1／10	5 表面密度限度の1／2
工場又は事業所の境界および，工場又は事業所内の人が居住する区域	4 250μSv／3月 （病院等の一般病室では1.3mSv／3月）	排気中の濃度限度：3月間の平均濃度が別表2第5欄の濃度 排水中の濃度限度：3月間の平均濃度が別表2第6欄の濃度	

1　放射線の関係法令　125

1) 放射性同位元素の種類が明らかで，かつ1種類の場合には，別表第2が使える。
2) 表面密度限度は，α線放出の放射性同位元素について4Bq/cm^2，α線放出のない放射性同位元素について40Bq/cm^2

解説

5の「表面密度限度の1/2」は誤りです。正しくは，3が「空気中濃度限度の1/10」であるのと同様に，「表面密度限度の1/10」です。

正しい表を掲げますので，ご確認をお願いします。

表　線量限度等

場所	線量限度（実効線量）	濃度限度[1]	表面汚染の限度
放射線施設内の人が常時立ち入る場所	1mSv/週	空気中濃度限度：1週間の平均濃度が数量告示別表2第4欄の濃度	表面密度限度[2]
管理区域の境界	1.3mSv/3月	3月間の平均濃度が空気中濃度限度の1/10	表面密度限度の1/10
工場又は事業所の境界および，工場又は事業所内の人が居住する区域	250μSv/3月（病院等の一般病室では1.3mSv/3月）	排気中の濃度限度：3月間の平均濃度が別表2第5欄の濃度	
		排水中の濃度限度：3月間の平均濃度が別表2第6欄の濃度	

1) 放射性同位元素の種類が明らかで，かつ1種類の場合には，別表第2が使えます。
2) 表面密度限度は，α線放出の放射性同位元素について4Bq/cm^2，α線放出のない放射性同位元素について40Bq/cm^2

正解　5

問題 8

次に放射線障害防止法の周辺の法律体系を図示するが，この中の 1～5 のうち，不適切なものはどれか．

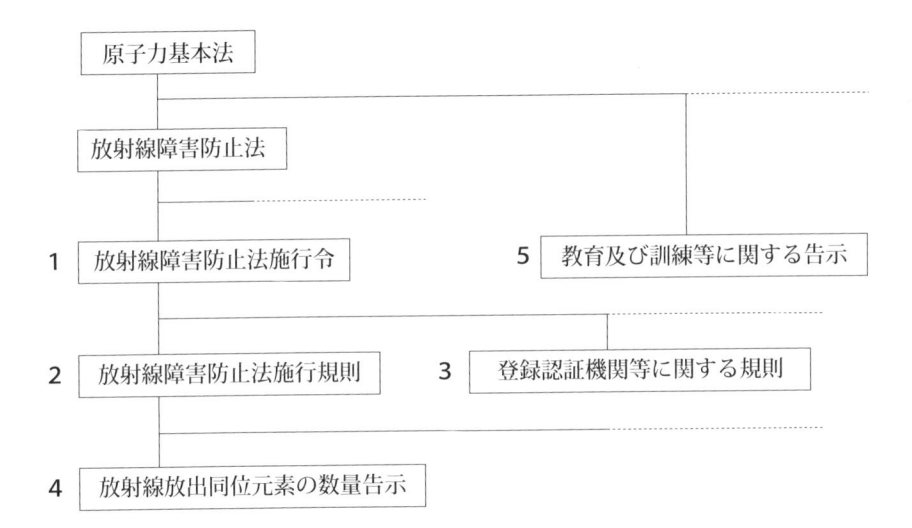

```
            原子力基本法
                 │
          放射線障害防止法
           │            │
1  放射線障害防止法施行令     5  教育及び訓練等に関する告示
     │          │
2 放射線障害防止法施行規則  3 登録認証機関等に関する規則
     │
4 放射線放出同位元素の数量告示
```

解説

問題の図において，5 の「教育及び訓練に関する告示」が，核燃料物質等に関する政令の下に位置しているようですが，これは誤りですね．「教育及び訓練に関する告示」は，放射線障害防止法の体系に属します．具体的には放射線障害防止法施行規則の下に位置すべきものです．

正しい体系図を以下に示します．

正解 5

1 放射線の関係法令 127

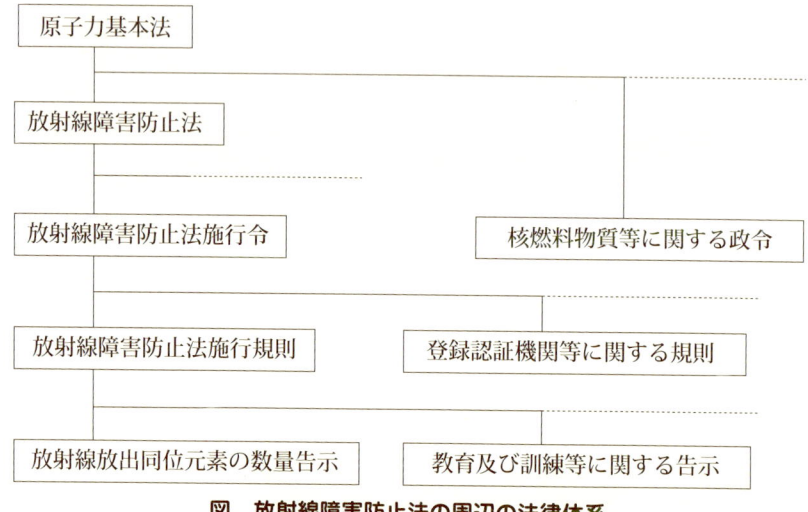

```
原子力基本法
├── 放射線障害防止法
│   ├── 放射線障害防止法施行令 ┄┄┄ 核燃料物質等に関する政令
│   │   ├── 放射線障害防止法施行規則 ┄┄┄ 登録認証機関等に関する規則
│   │   └── 放射線放出同位元素の数量告示 ┄┄┄ 教育及び訓練等に関する告示
```

図　放射線障害防止法の周辺の法律体系

ぼくらのような理系人間にはあんまり法律の勉強はなじみがないよなぁ

しかし，試験は受けなきゃならないので工夫してみないとね
1) まずは，どの法律でも
   第1条の目的と第2条の用語の定義は一番重要だな
   ここだけは，一字一句何度も繰り返して覚えるくらいが
   必要でしょうね
2) その法律の制度がどのようなものからできているか
   体系的に系統樹のように書きだして理解してみよう
3) それぞれの決まりを5W1Hの形で理解してみよう
   たとえば，お役所への届け出に必要なことは…など
4) 問題意識を持って条文を読んでみよう
   何が分かればいいのかを考えて読むとまだ読めるのですね

2 設備等およびその基準に関する規定

重要度 A

基礎問題

問題 1

許可使用者がその許可証を誤って消失してしまった場合の措置として，放射線障害防止法において定められているものは，次のうちどれか。

1. 許可証を誤って消失した旨を，速やかに文部科学大臣に届け出るとともに，再交付の申請をしなければならない。
2. この許可使用者は，あらためて許可をとり直さなければならない。
3. 文部科学大臣に申請し，再交付を受けることができる。
4. 消失した日から 30 日以内に，文部科学大臣に再交付の申請をしなければならない。
5. 誤って消失した日から 30 日以内に文部科学大臣に届け出れば再交付申請手続きを必要としないが，30 日を過ぎた場合には再交付申請手続きをしなければならない。

解説

1. 許可証を汚したり，損じたり，あるいは，失った場合の再交付申請は義務ではありません。そのままにしておいても法的な違反にはなりません［則第 14 条］。
2. あらためて許可をとり直さなければならないという規定はありません。必要になった時点で再交付申請をすればよいのです。
3. 法第 12 条および則第 14 条第 1 項に規定されています。
4. 再交付の申請は，必要になった時点で再交付申請をすればよいので，その期限は設けられていません。
5. 届出の規定はありません。再交付の申請は期限に関係なく必要になった時点で行えばよいことになっています。

ここで，放射線障害防止法の規制の概要をまとめておきます。

正解　3

表　放射線障害防止法の規制の概要

事業者の名称		事業の内容	備えるべき放射線施設	事業所の名称	主任者の資格範囲		
許可使用者・届出使用者	許可使用者	特定許可使用者	・非密封RIの使用（貯蔵施設能力が下限数量の10万倍以上） ・10TBq以上の密封RI使用 ・放射線発生装置の使用	使用施設 貯蔵施設 廃棄施設	工場又は事業所	1種	1種
		下限数量を超える非密封RI使用			2種	
		下限数量の1000倍を超え，10TBq未満の密封RI使用				
	届出使用者	下限数量の1000倍以下の密封RI使用	貯蔵施設		3種	
表示付認証機器届出使用者		表示付認証機器の使用（校正用線源，GC用ECD等）	不要		選任不要	3種	2種
届出販売業者		RIの販売	不要	販売所	3種	
届出賃貸業者		RIの賃貸	不要	賃貸事業所		
許可廃棄業者		RI又はRIによって汚染されたものの業としての廃棄	廃棄物詰替設備 廃棄物貯蔵設備 廃棄施設	廃棄事業所	1種	
規制なく，届出不要		表示付特定認証機器の使用（煙感知器等）	不要	—	選任不要	

問題2

許可使用者に対して文部科学大臣が交付する許可証に記載する事項として，放射線障害防止法に規定されていないものはどれか。

1　氏名又は名称及び住所　　　　　　　　2　使用の方法
3　許可の年月日及び許可の番号
4　放射性同位元素の種類，密封の有無および数量　　5　許可の条件

解説

　使用の目的は記載事項ですが，2の使用の方法は記載事項ではありません。紛らわしいかと思いますが，ご注意下さい。

　許可使用者に交付される許可証に記載される事項は以下のとおりです。

一　許可の年月日及び許可の番号
　二　氏名又は名称及び住所
　三　使用の目的
　四　放射性同位元素の種類，密封の有無及び数量又は放射線発生装置の種類，台数及び性能
　五　使用の場所
　六　貯蔵施設の貯蔵能力
　七　許可の条件（条件付き許可の場合に付されます。）

正解　2

問題 3

　許可申請又は届出に関する次の記述において，放射線障害防止法上正しいものはどれか。
1　密封された放射性同位元素及び表示付認証機器を業として販売しようとする者は，販売所ごとに，文部科学大臣の許可を受けなければならない。
2　放射線発生装置の種類を変更する場合には，以前使用していた装置と性能が同じものであっても，変更に係る届出が必要である。
3　陽電子放射断面撮影装置による画像診断に用いるための放射性同位元素を製造しようとする者は，使用が下限数量をこえる場合には，工場又は事業所ごとに，文部科学大臣の許可を受けなければならない。
4　表示付認証機器のみを認証条件に従って使用しようとする者は，工場又は事業所ごとに，かつ，認証番号が同じ表示付認証機器ごとに，あらかじめ文部科学大臣に届け出なければならない。
5　放射線発生装置のみを業として販売しようとする者は，販売所ごとに，あらかじめ文部科学大臣に届け出なければならない。

解説
1　表示付認証機器のみを業として販売しようとする場合は，届出も要りませんが，密封された放射性同位元素を販売する場合には，届出が必要です。ただし，問題文のように許可を要することはありません。
2　放射線発生装置の種類を変更する場合には，以前使用していた装置と性能が同じものであっても，手続きが必要ですが，「変更に係る届出」

ではなくて，「許可使用に係る変更の許可」が必要です。
3　これは記述のとおりです。「製造」は「使用」の一部とみなされることとされています。
4　表示付認証機器のみを認証条件に従って使用しようとする者は，使用の開始から30日以内に届け出ることが義務づけられています。しかし，あらかじめ届け出るという規定はありません［法第3条の3第1項］。
5　放射線発生装置は使用に当たっては規制がありますが，販売その他であって使用に該当しない行為は規制されていません［法第4条第1項ただし書き］。

正解　3

標準問題

問題4
次の文章のうち，放射線障害防止法に照らして変更の許可を受けなければならないものはどれか。
1　許可使用者が，3.7kBqの密封されたストロンチウム90（下限数量 1×10^4 Bq）を新たに使用する場合
2　許可使用者が，密封されたコバルト60の年間使用数量を3.7TBqから7.4TBqに変更する場合
3　許可使用者が，放射性同位元素の使用時間数を減少する場合
4　許可使用者が，37MBqの密封されたストロンチウム90（下限数量 1×10^4 Bq）を新たに使用する場合
5　許可使用者が，370GBqの密封されたイリジウム192（下限数量 1×10^4 Bq）が減衰したので，これを許可廃棄業者に譲渡す場合

解説
1　3.7kBqは下限数量 1×10^4 Bqより小さいので，法律にいう「放射性同位元素」には該当しません。許可を受ける必要はありません。
2　非密封の放射性同位元素について「年間使用数量」の制限がありますが，密封放射性同位元素について「年間使用数量」の制限はありません。変更許可手続きは不要です。

3 放射性同位元素の使用時間数を減少することは,「軽微な変更」に該当しますので,許可を受ける必要はありません。「軽微な変更」の届出で済みます。
4 37MBq は下限数量 1×10^4 Bq を超えていますので,法律にいう「放射性同位元素」に該当します。許可を受ける必要があります。
5 変更の許可を受ける必要はありません。法第29条(譲渡し,譲受け等の制限)第1項第1号に該当します。許可使用者がその許可証に記載された種類の放射性同位元素を,他の許可届出使用者,届出販売業者,届出賃貸業者若しくは許可廃棄業者に譲り渡し,若しくは貸し付け,又はその許可証に記載された貯蔵施設の貯蔵能力の範囲内で譲り受け,若しくは借り受ける場合は制限されていません。

正解 4

許可と届出の違いを整理しておきたいですね

問題 5

貯蔵施設の基準に関する記述として,放射線障害防止法に照らして,誤っているものはどれか。
1 貯蔵施設は,地崩れ及び浸水のおそれの少ない場所に設ける必要がある。
2 貯蔵室は,その主要構造物等を耐火構造とし,その開口部には,特定防火設備に該当する防火戸を設ける必要がある。
3 貯蔵箱には,別表に規定するところにより,標識を設ける必要がある。
4 貯蔵箱は,耐火性の構造とする必要がある。
5 貯蔵箱は,気密な構造とする必要がある。

解説……………………………………………………………………
1 貯蔵施設は,地崩れ及び浸水のおそれの少ない場所に設ける必要があります[則第14条の9第1項第1号]。

2　貯蔵室は，その主要構造物等を耐火構造とし，その開口部には，特定防火設備に該当する防火戸を設ける必要があります［則第14条の9第1項第2号イ］。
3　記述のとおりです。貯蔵箱には，別表に規定するところにより，標識を設ける必要があります［則第14条の9第1項第7号］。
4　貯蔵箱は，耐火性の構造とする必要があります［則第14条の9第1項第2号ロ］。
5　これは誤りです。貯蔵箱を気密な構造とするという規定はありません。

正解　5

問題6

許可又は届出に関する次の文章において，放射線障害防止法に照らして，正しいものの組合せはどれか。

A　3.7GBq の密封されたストロンチウム90（下限数量 1×10^4 Bq）を装備している照射装置を1台使用しようとする者は，文部科学大臣の許可を受けなければならない。

B　370GBq の密封されたコバルト60（下限数量 1×10^5 Bq）を装備している厚さ計を1台使用しようとする者は，文部科学大臣の許可を受けなければならない。

C　370GBq の密封されたストロンチウム90（下限数量 1×10^4 Bq）を装備している機器を1台使用しようとする者は，文部科学大臣に届け出なければならない。

D　370GBq の密封されたニッケル63（下限数量 1×10^8 Bq）を装備した機器を1台使用しようとする者は，文部科学大臣の許可を受けなければならない。

E　1個当たりの数量が 3.7MBq の密封されたセシウム137を装備した表示付認証機器のみ3台を認証条件に従って使用しようとする者は，あらかじめ文部科学大臣に届け出なければならない。

1　ABのみ　2　ACDのみ　3　BCのみ　4　Dのみ
5　ABCD すべて

解説

1 の「AB のみ」が正解です。

A 密封された放射性同位元素の使用においては，下限数量の 1,000 倍を超える場合に，文部科学大臣の許可が必要になります。下限数量 $1\times10^4\,\mathrm{Bq}$ の 1,000 倍は $1\times10^4\,\mathrm{kBq}=10\,\mathrm{MBq}$ ですので，3.7GBq はそれを超えています。文部科学大臣の許可が必要です。

B コバルト 60 下限数量が $1\times10^5\,\mathrm{Bq}=1\times10^2\,\mathrm{kBq}$ ですので，その 1,000 倍は $1\times10^2\,\mathrm{MBq}$ となり，この問題の 370GBq はそれを超えていますので，文部科学大臣の許可が必要です。

C 下限数量 $1\times10^4\,\mathrm{Bq}$ の 1,000 倍は $1\times10^4\,\mathrm{kBq}=10\,\mathrm{MBq}$ ですので，3.7GBq はそれを超えています。届出ではいけません。文部科学大臣の許可が必要です。

D 下限数量 $1\times10^8\,\mathrm{Bq}$ の 1,000 倍は $1\times10^8\,\mathrm{Bq}=100\,\mathrm{TBq}$ ですので，3.7GBq はそれより低いですね。これは許可ではなくて，届出をすればよい事例となります。

E 表示付認証機器のみを認証条件に従って使用しようとする場合には，使用開始の日から 30 日以内に届け出をすればよいことになっています。あらかじめ届け出ることは不要です。

正解　1

発展問題

問題 7

次の文章のうち，放射線障害防止法に照らして変更の許可を受けなければならないものはどれか。

1 貯蔵施設に設置している貯蔵箱を，構造，材料及び貯蔵能力の変わらない貯蔵箱に変更しようとする場合
2 放射線発生装置を，種類及び性能の変わらない放射線発生装置に更新する場合
3 廃棄施設に設置している排気能力 $50\,\mathrm{m^3}$/分の排風機 1 台を排気能力 $40\,\mathrm{m^3}$/分の排風機に更新しようとする場合
4 放射性同位元素装備機器の使用場所の変更
5 放射線発生装置のみを使用する事業所内にある独立した二つの使用施設のうち，一方の使用施設を廃止しようとする場合

解説
1 構造，材料及び貯蔵能力が変わらないということであれば，変更許可手続きは不要です。
2 放射線発生装置を，種類及び性能の変わらない放射線発生装置に更新する場合には，変更許可手続きは不要です。
3 「廃棄施設の設備の変更」に該当しますので，変更許可手続きが必要です［法第10条第2項］。
4 放射性同位元素装備機器の使用場所の変更は「軽微な変更」に該当します。「軽微な変更」の届出で済みます。変更許可手続きは不要です。
5 一方の使用施設を廃止しようとする場合には，軽微な変更に該当しますので，許可変更の届は要りません。単に廃止の届を出すことになります［則第9条の2第1項第4号］。

正解 3

問題8
保管の技術上の基準に関する記述として，誤っているものはどれか。
1 貯蔵箱について，放射性同位元素の保管中にこれをみだりに持ち運ぶことができないようにするための措置を講ずること
2 放射性同位元素の保管は，容器に入れ，かつ，貯蔵室又は貯蔵箱（密封された放射性同位元素を耐火性の構造の容器に入れて保管する場合にあっては貯蔵施設）において行うこと
3 密封された放射性同位元素を保管する場合には，文部科学大臣の定める温度条件において保管すること
4 貯蔵施設のうち放射性同位元素を経口摂取するおそれのある場所での飲食及び喫煙を禁止すること
5 貯蔵施設の目に付きやすい場所に，放射線障害の防止に必要な注意事項を掲示すること

解説..

1 貯蔵箱について，放射性同位元素の保管中にこれをみだりに持ち運ぶことができないようにするための措置を講ずることが定められています［則第17条第1項第3号の2］。
2 放射性同位元素の保管は，容器に入れ，かつ，貯蔵室又は貯蔵箱（密封された放射性同位元素を耐火性の構造の容器に入れて保管する場合にあっては貯蔵施設）において行うことと定められています［則第17条第1項第1号］。
3 密封された放射性同位元素の保管について，温度条件は規定がありません。
4 記述のとおりです。常識で考えてもわかりますが，貯蔵施設のうち放射性同位元素を経口摂取するおそれのある場所での飲食及び喫煙は禁止されています［則第17条第1項第5号］。
5 貯蔵施設の目に付きやすい場所に，放射線障害の防止に必要な注意事項を掲示することも定められています［則第17条第1項第8号］。

正解　3

3 放射線の管理等に関する各規定

重要度 B

基礎問題

問題1

許可届出使用者が備えるべき帳簿に記載しなければならない事項に関する記述として，誤っているものはどれか。

1. 放射性同位元素の保管の期間，方法及び場所
2. 放射性同位元素の保管に従事する者の氏名
3. 放射性同位元素の保管に従事する者の役職
4. 放射性同位元素の受入れ又は払出しの年月日
5. 放射性同位元素の廃棄の年月日，方法及び場所

解説

1. 則第24条第1項第1号チの規定です。
2. 則第24条第1項第1号リの規定です。
3. 放射性同位元素の保管に従事する者の氏名を記載する規程はありますが，役職を記載するという規定はありません。
4. 則第24条第1項第1号ロの規定です。
5. 則第24条第1項第1号ヲの規定です。これに加えて，種類，数量，廃棄従事者の氏名の記載も必要です［則第24条第1項第1号ル及びワ］。

正解 3

問題2

第2種放射線取扱主任者免状を有する者を放射線取扱主任者として選任することができる事業所として，放射線障害防止法上正しいものの組合せはどれか。

A 密封された放射性同位元素135GBq及び密封されていない放射性同位元素135GBqを使用する事業所

B 密封された放射性同位元素370GBq及び表示付認証機器（555MBqのニッケル63）5台のみを使用する事業所
C 密封された放射性同位元素3.7TBqのみを賃貸する事業所
D 密封されていない放射性同位元素135GBqのみを販売する事業所
1　ABのみ　　2　ACDのみ　　3　BCDのみ　　4　CDのみ
5　ABCDすべて

解説……………………………………………………………………………
　BCDが該当しますので正解は 3 となります。
A　密封されていない放射性同位元素を使用する事業所では，必ず第1種放射線取扱主任者免状を有する者を放射線取扱主任者として選任しなければなりません。ただし，例外規定として，医師，歯科医師又は薬剤師を選任してもよいという規定があります。
B　法第34条第1項第2号の規定にあります。ただし，表示付認証機器の数量を合算する必要はありません。
C, D　法第34条第1項第3号の規定です。販売所又は賃貸事業所の場合，販売又は賃貸の数量の大小や密封の有無にかかわらず，第1種，第2種，又は第3種の免状所持者を放射線取扱主任者として選任することができます。

正解　3

問題3
　放射線障害防止法において，密封された放射性同位元素のみを使用する許可使用者が放射線障害予防規程に定めなければならない事項でないものはどれか。
1　放射性同位元素の使用に関すること
2　危険時の措置に関すること
3　健康診断に関すること
4　放射線取扱主任者の選任方法に関すること
5　放射線取扱主任者の代理者の選任に関すること

解説……………………………………………………………………………
1　則第21条第1項第2号です。

2　則第21条第1項第10号です。
3　則第21条第1項第6号です。
4　そのような規定はありません。紛らわしいですが，5の「放射線取扱主任者の代理者の選任に関すること」はあります。気をつけて下さい。
5　則第21条第1項第1号の3です。

　この予防規程に記載すべき事項は次のようになっています。これはかなり試験に出る内容です［則第21条］。

(1) 放射性同位元素等又は放射線発生装置の取扱いに従事する者に関する職務及び組織に関すること。
(2) 放射線取扱主任者その他の放射性同位元素等又は放射線発生装置の取扱いの安全管理に従事する者に関する職務及び組織に関すること。
(3) 放射線取扱主任者の代理者の選任に関すること。
(4) 放射線施設の維持及び管理に関すること。
(5) 放射線施設（届出使用者が密封された放射性同位元素の使用若しくは詰替えをし，又は密封された放射性同位元素等の廃棄をする場合にあっては，管理区域）の点検に関すること。
(6) 放射性同位元素又は放射線発生装置の使用に関すること。
(7) 放射性同位元素等の受入れ，払出し，保管，運搬又は廃棄に関すること（届出賃貸業者にあっては，放射性同位元素を賃貸した許可届出使用者により適切な保管が行われないときの措置を含む）
(8) 放射線の量及び放射性同位元素による汚染の状況の測定並びにその測定の結果についての措置に関すること。
(9) 放射線障害を防止するために必要な教育及び訓練に関すること。
(10) 健康診断に関すること。
(11) 放射線障害を受けた者又は受けたおそれのある者に対する保健上必要な措置に関すること。
(12) 記帳及び保存に関すること。
(13) 地震，火災その他の災害が起こったときの措置に関すること。
(14) 危険時の措置に関すること。
(15) 放射線管理の状況の報告に関すること。
(16) 廃棄物埋設地に埋設した埋設廃棄物に含まれる放射能の減衰に応じて放射線障害の防止のために講ずる措置に関すること。
(17) その他放射線障害の防止に関し必要な事項

正解　4

標準問題

問題4

放射線取扱主任者の選任に関する次の文章において，放射線障害防止法上誤っているものはどれか。

1. 許可使用者は，放射線取扱主任者を選任したときは，選任した日から30日以内に，その旨を文部科学大臣に届け出なければならない。
2. 許可使用者は，放射線障害の防止に関し，放射線取扱主任者の意見を尊重しなければならない。
3. 密封された放射性同位元素135GBqのみを販売する販売所は，第2種放射線取扱主任者免状を有する者を放射線取扱主任者として選任することができる。
4. 特定許可使用者は，放射線取扱主任者及び放射線取扱主任者の代理者をそれぞれ選任し，選任した日から30日以内に，その旨を文部科学大臣に届け出なければならない。
5. 表示付認証機器30台のみを使用する表示付認証機器届出使用者は，放射線取扱主任者を選任する必要はない。

解説

1. 記述のとおりです。則第34条第2項の規定です。
2. 常識的にも記述のとおりですね［法第36条第3項］。
3. 法第34条第1項第3号の規定です。販売所又は賃貸事業所の場合，販売又は賃貸の数量の大小や密封の有無にかかわらず，第1種，第2種，又は第3種の免状所持者を放射線取扱主任者として選任することができます。
4. 特定許可使用者であっても，主任者とその代理者の両方を同時に選任することは義務づけられていません［法第34条第1項，法第37条第1項］。誤りです。
5. 放射線取扱主任者を選任する必要のある使用者に，表示付認証機器届出使用者は含まれていませんので，選任する必要はありません［法第34条第1項］。

正解　4

3　放射線の管理等に関する各規定　141

問題 5

　教育訓練に関する記述として，放射線障害防止法上正しいものの組合せはどれか。

A　放射線業務従事者が取扱等業務を開始した後にあっては，教育及び訓練の項目について十分な知識と技能を有していると認められない限り，1年を超えない期間ごとに教育及び訓練を行わなければならない。

B　見学のために一時的に管理区域に立ち入る者に対しては，その者の知識及び技能にかかわらず，教育及び訓練を行うことを要しない。

C　放射線業務従事者で，教育及び訓練の一部の項目について十分な知識と技能を有していると認められる者に対しては，その項目についての教育及び訓練を省略することができる。

D　放射線業務従事者が初めて管理区域に立ち入る前の教育及び訓練の項目は定められているが，その時間数は規定されていない。

E　放射線障害防止法に定められている教育及び訓練の項目は，以下の3項目となっている。

イ　放射線の人体に与える影響
ロ　放射性同位元素等又は放射線発生装置の安全取扱い
ハ　放射性同位元素及び放射線発生装置による放射線障害の防止に関する法令

1　ACのみ　　2　ACDのみ　　3　BCのみ
4　CDEのみ　　5　ABCDEすべて

解説

　1の「ACのみ」が正解となります。

A　記述のとおりです。則第21条の2第1項第2号の規定です。

B　見学等で一時的に管理区域に立ち入る者に対しても，必要な教育は施さなければならないことになっています［則第21条の2第1項第1号及び第5号］。

C　記述のとおりです。則第21条第2項にあります。

D　放射線業務従事者が初めて管理区域に立ち入る前の教育及び訓練の項目とともに，その時間数も定められています［告第10号］。

E　放射線障害防止法に定められている教育及び訓練の項目は挙げられている3項目の他に「放射線障害予防規程」があります。全部で4項目で

す。[則第21条の2第1項第4号イ〜ニ]

正解 1

問題6

健康診断に関する記述として，放射線障害防止法上誤っているものはどれか。

1 一時的に管理区域に立ち入る放射線業務従事者に対しても，初めて管理区域に立ち入る前に健康診断を行わなければならない。
2 等価線量限度を超えて放射線に被ばくしたおそれのある時は，遅滞なく，その者につき健康診断を行わなければならない。
3 放射性同位元素により皮膚の創傷面が汚染され，又は汚染されたおそれのある時は，遅滞なく，その者につき健康診断を行わなければならない。
4 健康診断の記録を保存すること。ただし，健康診断を受けた者が許可届出使用者若しくは許可廃棄業者の従業者でなくなった場合又は当該記録を5年以上保存した場合において，これを文部科学大臣が指定する機関に引き渡すときは，この限りでない。
5 健康診断を受けた者に対して，健康診断のつど，その結果の記録の写しを交付しなければならない。

解説……………………………………………………………………………

1 則第22条第1項第1号に，「放射線業務従事者（一時的に管理区域に立ち入る者を除く。）に対し，初めて管理区域に立ち入る前に行うこと」とあります。「一時的に管理区域に立ち入る放射線業務従事者」は除かれますので誤りです。
2 これは記述のとおりです。則第22条第1項第3号ニの規定です。健康診断を行わなければならない場合として，「実効線量限度又は等価線量限度を超えて放射線に被ばくし，又は被ばくしたおそれのあるとき」とあります。
3 これも記述のとおりです。則第22条第1項第3号ハの規定です。
4 これについても記述のとおりです［則第22条第2項第3号］。
5 これも正しい記述です［則第22条第2項第2号］。

正解 1

発展問題

問題7

放射性同位元素を使用している事業所において放射線施設に火災が発生し，放射線障害の発生するおそれが生じた。この場合，講じなければならない危険時の措置として，放射線障害防止法に定められているものの組合せはどれか。

A 火災が起きたことにより，放射線障害の発生のおそれがある事態を発見した者は，直ちにその旨を文部科学大臣に通報しなければならない。

B 許可届出使用者は，放射線取扱主任者に消火活動を指揮させなければならない。

C 放射性同位元素等を他の場所に移す余裕がある場合には，必要に応じてこれを安全な場所に移し，その場所の周囲には，縄を張り，又は標識等を設け，かつ，見張人をつけることにより，関係者以外の者が立ち入ることを禁止しなければならない。

D 許可届出使用者は，遅滞なく，この事態が発生した日時，場所，原因，発生し又は発生するおそれのある放射線障害の状況，講じ又は講じようとしている応急の措置の内容について，文部科学大臣に届け出なければならない。

1 ABのみ　　2 ACDのみ　　3 BCのみ　　4 CDのみ
5 ABCDすべて

解説

4の「CDのみ」が正解となります。

A 「直ちに通報する」先は，文部科学大臣ではありません。緊急事態なので「直ちに警察官又は海上保安官」に通報しなければなりません［法第33条第2項］。文部科学大臣へは通報ではなくて，「遅滞なく」届け出ることになります［法第33条第3項］。

B 放射線取扱主任者に消火活動を指揮させなければならないという規定はありません。

C 記述のとおりです。則第29条第1項第5号の規定です。

D これも記述のとおりです［則第29条第3項］。

正解 4

問題 8

放射線障害防止法施行規則第 32 条第 2 項に示された定期講習に関する次の文章において，(A)～(D)に該当する語句として，放射線障害防止法に照らして妥当な組合せはどれか。

法第 36 条の 2 第 1 項の文部科学省令で定める期間は，次の各号に掲げる者の区分に応じ，当該各号に定める期間とする。

一 放射線取扱主任者であって放射線取扱主任者に選任された後定期講習を受けていない者（放射線取扱主任者に選任される前（ A ）以内に定期講習を受けた者を除く。）放射線取扱主任者に選任された日から（ B ）以内

二 放射線取扱主任者（前号に掲げる者を除く。） 前回の定期講習を受けた日から（ C ）（届出販売業者及び届出賃貸業者にあっては（ D ））以内

	(A)	(B)	(C)	(D)
1	1年	1年	3年	5年
2	1年	6月	5年	3年
3	6月	6月	3年	3年
4	1年	1年	5年	3年
5	6月	1年	3年	3年

解説

正解は，**1** となります。法第 36 条の 2 第 1 項に対応した則第 32 条第 2 項第 1 号及び第 2 号の条文です。正しい語句を入れて条文を整理しますと，次のようになります。

> 法第 36 条の 2 第 1 項の文部科学省令で定める期間は，次の各号に掲げる者の区分に応じ，当該各号に定める期間とする。
> 一 放射線取扱主任者であって放射線取扱主任者に選任された後定期講習を受けていない者（放射線取扱主任者に選任される前一年以内に定期講習を受けた者を除く。）放射線取扱主任者に選任された日から一年以内
> 二 放射線取扱主任者（前号に掲げる者を除く。） 前回の定期講習を受けた日から三年（届出販売業者及び届出賃貸業者にあっては五年）以内

正解 **1**

これまでの学習，
たいへんお疲れさまでした。
一休みされて，
模擬問題で
学習の成果をご確認下さい。

模擬テスト

さて，頑張って
模擬問題に挑戦してみますか
実際の試験と同じ時間にするか
そうでないかは，ご自分の自信と
相談してみて下さい

実際の試験時間は
次の表のようになっていますよ

課目	問題数（試験時間）	問題形式
管理技術Ⅰ （物理学・化学・生物学）	6問（105分） ［1問当たり 17.5分］	穴埋め（選択肢あり）
管理技術Ⅱ （物理学・化学・生物学）	30問（75分） ［1問当たり 2.5分］	五肢択一
関係法令	30問（75分） ［1問当たり 2.5分］	五肢択一

（試験は一日で実施されます）

模擬テスト一問題

1　管理技術 I　　　　　　　　　　　　［標準解答時間：105分］

問1

1cm 線量当量及び 70 μm 線量当量に関する次の I ～ II の文中において（　）の部分に入る最も適切な語句，記号又は最も近い数値をそれぞれの解答群の中より 1 つだけ選べ。

I　1cm 線量当量は記号として（　A　）と書かれ，（　B　）線量および眼と皮膚以外の臓器および組織に対する（　C　）線量のことをいう。人の軟組織，すなわち，筋肉組織に等価な物質で作られた直径30cm の球である（　D　）に，（　E　）かつ一様に入射する放射線を照射したときに，その球の表面から1cm の深さにおける線量として定義されている。

＜I の解答群＞

1	G_{1cm}	2	H_{1cm}	3	I_{1cm}	4	有効	5	実効
6	等価	7	透過	8	ICRU 球	9	ICUR 球	10	IUCR 球
11	並行	12	垂直	13	平行				

II　70 μm 線量当量の記号は，通常（　A　）であり，（　B　）被ばくによる皮膚の（　C　）線量を評価する際に用いられる指標である。すなわち，身体の表面から深さ 70 μm の場所における（　D　）とみなされる量である。ただし，外部被ばくによる目の水晶体の（　C　）線量を評価する指標としては，1cm 線量当量あるいは 70 μm 線量当量のうち，適切な方法を選択して評価される。

＜II の解答群＞

1	$G_{70\mu m}$	2	$H_{70\mu m}$	3	$I_{70\mu m}$	4	内部	5	外部
6	除外	7	等価	8	実効	9	当量	10	透過
11	線量当量	12	当量線量						

<解答欄>

I

A	B	C	D	E

II

A	B	C	D

問2

次のⅠ〜Ⅲの文中において（　）の部分に入る最も適切な語句，記号又は数値をそれぞれの解答群の中より1つだけ選べ。ただし，各選択肢は必要があれば同一のものを複数回用いてもかまわない。

Ⅰ　放射性壊変の形式には，α壊変，β^-壊変などがあるが，これらの壊変に伴って，核種の原子番号や質量数に変化が起こるものもある。次の表を完成せよ。ただし，数字が増えるものを＋で，減るものを－で表すこととする。

壊変形式	原子番号の変化	質量数の変化
α壊変	（　A　）	（　F　）
β^-壊変	（　B　）	（　G　）
β^+壊変	（　C　）	（　H　）
軌道電子捕獲	（　D　）	（　I　）
核異性体転移	（　E　）	（　J　）

＜Ⅰの解答群＞

1	-5	2	-4	3	-3	4	-2	5	-1
6	± 0	7	$+1$	8	$+2$	9	$+3$	10	$+4$
11	$+5$

Ⅱ　放射性壊変系列には4種類が知られているが，そのうち，天然放射性

核種として，ウラン系列，トリウム系列，（　A　）と呼ばれている3系列がある。これらの系列の親核種は，それぞれ ^{238}U, ^{232}Th,（　B　）であり，各系列に属する核種の質量数をヘリウム核の質量数4で割った余りの数から，ウラン系列を（$4n+2$）系列，トリウム系列を $4n$ 系列，（　A　）を（$4n+3$）系列と呼ぶこともある。これら以外の放射性壊変系列の第4番目の系列は，（　C　）と呼ばれ，それに属する各核種の半減期の長さ（短さ）から，現在の地球上には存在しないとされている。

<Ⅱの解答群>
1　ラジウム系列　　2　アクチニウム系列　　3　ネプツニウム系列
4　プルトニウム系列　　5　^{231}Ac　　6　^{235}U　　7　^{239}Np
8　^{239}Pu　　　　　　9　^{241}Am

<解答欄>
Ⅰ

A	B	C	D	E	F	G	H	I	J

Ⅱ

A	B	C

問3

　イオン対の数と印加電圧の関係を図に示すが，図の中の（　　）の部分に入る最も適切な語句を解答群の中より1つだけ選べ。

<解答群>
1　結合領域　　　2　再結合領域　　　3　統一領域　　　4　臨界領域
5　境界領域　　　6　連続通電領域　　7　連続放電領域
8　電離箱領域　　9　比例計数管領域　10　MG計数管領域
11　GM計数管領域　12　遷移領域　　　13　特定領域

<解答欄>

A	B	C	D	E	F

問4

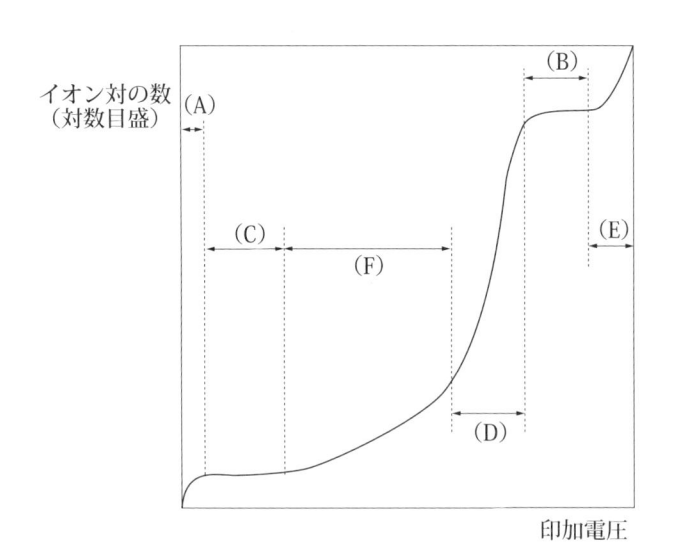

次のⅠ～Ⅱの文中において（　）の部分に入る最も適切な語句，記号又は最も近い数値をそれぞれの解答群の中より1つだけ選べ。

Ⅰ　放射線については，電離作用による検出が行われる。放射線の強さを測定するためには，放射線によって電離された程度を測定することになる。（　A　）粒子線であれば（　A　）粒子が気体中を通る際に気体分子を電離（電子＋プラスイオン）させる作用（（　B　））を利用し，（　C　）粒子線（中性子線，X線，γ線）であっても，（　D　）で気体分子を電離するので，基本的に（　A　）粒子と同じ原理でその強さが測定できる。すなわち，電離した気体に高圧をかけると，電子は（　E　）側に，プラスイオンは（　F　）側に電気的に引き寄せられる。その（　G　）の数に従って流れる電流を電流計で読み取る。

＜Ⅰの解答群＞
1　充電　　2　荷電　　3　帯電　　4　非荷電
5　非充電　6　陽極　　7　陰極　　8　イオン対
9　電子対　10　陽子対　11　直接電離作用　12　間接電離作用

Ⅱ　電離箱を一定時間の間放射線照射したとき，Q〔（　A　）〕の電気量が流れたとすると，電子1個の持つ電荷（素電荷）をq〔（　A　）〕とすれば，電離箱内の中に生成した電子－イオン対の数Nは次式で与えられ

る。
（ B ）

電子－イオン対を1対生成するために必要な平均エネルギーを（ C ）と呼ぶすが，一般に（ C ）は25～40eV程度となっている。例えば，ヘリウムで41eV，アルゴンで26eV，空気では34eVである。空気の吸収線量D〔（ D ）〕は，電離箱の中の気体の質量m〔kg〕，および，電子－イオン対の数Nと（ C ）W〔（ E ）〕より，次のように求められる。

$$D = \frac{WN}{m} = \frac{WQ}{mq}$$

電離箱の内部に空気が充てんされ，箱の壁が空気とほぼ同じ原子番号の材質で作られた電離箱を（ F ）というが，これに放射線が一様に照射された場合，電離箱内部の空気を通過する電離電子の状態は，あたかも周囲が一様に照射されて無限に広がった空気で囲まれているのと同様になる。電離箱の壁の厚さが電離電子の飛程よりも厚く，壁による放射線の遮へいが無視できるほど小さいなら，吸収線量は最大となり，近似的に空気カーマと等しくなる。

＜Ⅱの解答群＞

1	J	2	C	3	A	4	F	5	$N = Qq$
6	$N = \frac{q}{Q}$	7	$N = \frac{Q}{q}$	8	Q値	9	W値		
10	Z値	11	Gy	12	Sv	13	Sm	14	Pm
15	空気等価電離箱	16	空気等量電離箱	17	空気等質電離箱				

＜解答欄＞

Ⅰ

A	B	C	D	E	F	G

Ⅱ

A	B	C	D	E	F

問 5

次の I 〜 II の文中において（　）の部分に入る最も適切な語句，数値又は数式をそれぞれの解答群の中より 1 つだけ選べ。

I　我々の体内に放射性物質が侵入する経路には，（ A ），吸入摂取，（ B ）の 3 つの経路があるとされている。そのうち，（ A ）された放射性物質の消化管吸収率には，よう素のように高いものや（ C ）のように低いものがあり，その吸収率の程度は放射性物質の種類によって違っている。血液中に入った放射性物質は，その（ D ）性質に従って特有の分布をするが，セシウムや（ E ）はほぼ全身に均等に沈着し，（ F ）やストロンチウムは骨に特異的に，よう素も（ G ）に特異的に沈着する。組織に沈着した放射性物質の多くは，主に排泄物である（ H ）により体外に排出される。その排出速度は（ I ）半減期により表され，被ばく線量率は物理的半減期と生物学的半減期から計算される（ J ）半減期に従って減少する。実効半減期は，次式により計算される。

　　　　（ K ）

ここに，T_E は（ J ）半減期（実効半減期），T_B は（ I ）半減期，T_P は物理的半減期である。

物理的半減期が長くなると，体内に取り込まれた場合における影響期間も長くなる。これに生体内の挙動を加味した（ J ）半減期は最も重要な概念である。（ I ）半減期が物理的半減期に対して著しく長い場合，（ J ）半減期は物理的半減期に比べてほとんど変わらないことになる。逆に，物理的半減期が（ I ）半減期に対して著しく長い場合には，（ J ）半減期は（ I ）半減期とほぼ等しくなる。

吸入により放射性物質を取り込んだ場合にも，体内移行率の高い放射性物質であれば一般に（ A ）とほぼ同様な挙動となるが，（ C ）のように体液に溶解しにくいものでは挙動が大きく異なっていて，（ L ）やそのリンパ節に長期間滞留するとされている。

<I の解答群>
1　経口摂取　　2　経口侵入　　3　経皮摂取　　4　経皮侵入
5　酸化プルトニウム　　　　6　水酸化プルトニウム　　7　化学的
8　物理的　　9　生物学的　　10　リチウム　　11　トリチウム
12　ナトリウム　13　カルシウム　14　カリウム

| 15 | 甲状腺 | 16 | 感情腺 | 17 | 汗や涙 | 18 | 尿や糞 |
| 19 | 有効 | 20 | 無効 | 21 | 実質 | 22 | 肺 | 23 | 胃 |

24 $T_E = T_P + T_B$ 25 $T_E = T_P - T_B$

26 $T_E = \dfrac{T_P + T_B}{T_P \times T_B}$ 27 $T_E = \dfrac{T_P \times T_B}{T_P + T_B}$

II　ある放射性核種の物理的半減期が60日であるという。この核種には化学形として，P形とQ形があるので，それぞれの生物学的半減期を実験的に求めたところ，20日と30日であった。この核種のP形の化学形の有効半減期は（　A　），Q形の化学形の有効半減期は（　B　）と推定される。

＜IIの解答群＞

| 1 | 15 | 2 | 20 | 3 | 30 | 4 | 40 | 5 | 50 |
| 6 | 60 | 7 | 70 | 8 | 80 | 9 | 90 | 10 | 100 |

＜解答欄＞

A	B	C	D	E	F	G	H

I	J	K	L

II

A	B

2 管理技術 II　　　　　　　　　　［標準解答時間：75分］

問 1

次に示す水素の同位体に関する表の中で，誤っている項目は 1 から 5 の中のどれか。

1　記号　　2　陽子数　　3　中性子数　　4　電子数　　5　質量数

問 2

電荷 e を有する荷電子（質量 m）が電位差 V の電場で加速された場合の速度はどれだけになるか。

1　$\sqrt{\dfrac{2m}{eV}}$　　2　$\sqrt{\dfrac{m}{2eV}}$　　3　$\sqrt{\dfrac{eV}{2m}}$

4　$\sqrt{\dfrac{2eV}{m}}$　　5　$\sqrt{\dfrac{2e}{mV}}$

問 3

原子核において起こる次の現象のうち，その前後において最も原子番号が大きく変化するものはどれか。

1　自発性分裂　　2　α 壊変　　3　電子捕獲
4　核異性体転移　　5　陽電子放出

問 4

核の壊変において原子番号が変化することがあるが，次に示す（　）内の原子番号変化のうち，誤っているものはどれか。

1　α 壊変（−2）　　　2　β⁻ 壊変（+1）
3　β⁺ 壊変（−1）　　4　軌道電子捕獲（−1）
5　核異性体転移（+1）

問 5

次のような核融合反応が起きたとすると発生するエネルギーは何 J 程度となるか。

$$^{2}_{1}\text{H} + ^{2}_{1}\text{H} \rightarrow ^{4}_{2}\text{He} + \varDelta m$$

ただし，$\varDelta m$ は質量欠損であって，0.0305 amu（1 amu = 1.66 × 10⁻²⁷ kg）と見積もられる。また，$\varDelta m$ は次のアインシュタインの式によ

って発生エネルギーと関連づけられるものとする。
$$\Delta E = \Delta m c^2$$
ここに，c は真空中の光速であって，3.0×10^8 m/s とする。

1　4.0×10^{-12} J　　2　4.3×10^{-12} J
3　4.6×10^{-12} J　　4　4.9×10^{-12} J
5　5.2×10^{-12} J

問 6

ある粒子が原子核と弾性衝突して散乱する場合，その粒子のエネルギーを E_n，質量を m，重心を基準とした粒子の散乱角を ϕ，原子核の質量を M とすると原子核の受ける反跳エネルギー E は次式で与えられるという。

$$E = \frac{2mM}{(m+M)^2}(1 - \cos\phi)E_n$$

では，質量の等しい原子核と衝突する時に粒子が失う最大エネルギーは次のうちどれになるか。

1　$0.1E_n$　　2　$0.2E_n$　　3　$0.5E_n$　　4　E_n　　5　$2.0E_n$

問 7

放射線関係の量と単位の組合せにおいて，誤っているものはどれか。

1　照射線量（C·kg^{-1}）　　2　質量減弱係数（cm^2·g^{-1}）
3　放射能（s^{-1}）　　4　飛程（m）
5　吸収係数（g·cm^{-3}）

問 8

電離に関する次の記述の中で，正しいものはどれか。
1　荷電粒子による電離では，物質の電離によって放出された電子のエネルギーが高いため，さらに他の原子を電離する過程を二次電離という。
2　一次電離で発生した電子のうち，二次電離を起こすエネルギーを持つ電子を ε 線ということがある。
3　X 線や中性子線は電磁放射線と呼ばれることがある。
4　気体が荷電粒子によって電離される時，イオンと自由電子の対が生じる。このイオン対をつくる平均エネルギーを G 値という。

5 荷電粒子が直接に原子を電離する過程を二次電離という。

問9

^{40}K の半減期は，1.28×10^9 年（$\fallingdotseq 4.0 \times 10^{16}$ 秒）であるという。10MBq の ^{40}K の質量として最も近いものはどれか。

1　8g　　　2　18g　　　3　28g　　　4　38g　　　5　48g

問10

質量数は，通常は無次元で扱われるが，あえて単位をつけるとすると次のどれが最も適切か。

1　mol/g　2　g/mol　3　g/cm^3　4　cm^3/mol　5　cm^3/g

問11

次の核反応式を満たす x および y の組合せとして，正しいものはどれか。

$$^{14}\text{N} + \text{p} \rightarrow {}^6\text{Li} + x\,\text{p} + y\,\text{n}$$

選択肢	X	Y
1	3	2
2	3	3
3	4	3
4	4	4
5	5	4

問12

計数値が N^2 であるとき，真の値が $N^2 \pm 2N$ の間に入る確率として正しいものはどれか。

1　33.3%　2　48.8%　3　68.3%　4　95.4%　5　99.7%

問13

ある GM 計数管の分解時間が 100 μs であるという。この計数管を用い

て放射性試料を測定したところ，9,000 cpm であった。この測定における数え落とし［cpm］として，最も近いものはどれか。
1　130cpm　2　160cpm　3　190cpm　4　220cpm　5　250cpm

問 14

高純度ゲルマニウム検出器に関する記述として，正しいものはどれか。
1　空乏層の厚さは，印加電圧に依存しない。
2　電子－正孔対を1個生成するための平均エネルギーは W 値と呼ばれるが，Ge の W 値は，気体のそれよりも小さい。
3　高純度ゲルマニウムには潮解性がある。
4　高純度ゲルマニウム検出器は室温でも動作する。
5　高純度ゲルマニウム検出器は室温で保管してはならない。

問 15

写真作用に関する次の文章の下線部 1～5 の中で誤っているものはどれか。
　写真を感光させる作用を写真作用，あるいは，1 黒化作用という。写真 2 乳剤が塗られたフィルムに可視光やエックス線が当たると 2 乳剤中に潜像が形成され，2 乳剤に含まれる 3 ハロゲン化銀の 4 結晶粒が荷電粒子等の通過によってイオン対となり，励起された電子が 4 結晶粒内に銀イオンを銀原子として集めて現像核（5 実像）をつくる。これを現像すると，1 黒化銀粒子となって，目に見える像が現れ，その被ばく程度に応じて 1 黒化度の異なる像となる。エックス線が起こす，このような作用をエックス線の写真作用という。

問 16

シンチレーション検出器に関する記述として，誤っているものはどれか。
1　放射線測定用のシンチレータとしては，微量のタンタルを含有させて活性化されたよう化ナトリウム結晶などが用いられる。
2　シンチレーション検出器は，感度が良好で，自然放射線レベルの低線量率の放射線も検出可能なので，放射線装置の遮へい欠陥などを調べるのにも適している。

3 シンチレータに密着させてセットされる光電子増倍管によって，光は光電子に変換され増倍されて，最終的に電流パルスとして出力される。
4 光電子増倍管の増倍率は，印加電圧に依存するため，光電子増倍管に印加する高電圧は安定化することが必要である。
5 得られる出力パルス波高によって，入射する放射線のエネルギーも得られる。

問 17
放射線同位元素を用いた機器と密封線源に関する組合せとして，正しいものはどれか。
A 密度計：^{147}Pm，^{241}Am　　B 蛍光 X 線：^{60}Co，^{137}Cs
C 硫黄分析計：^{55}Fe，^{241}Am　　D 水分計：^{226}Ra – Be，^{241}Am – Be
1 AB のみ　　2 ABD のみ　　3 BC のみ　　4 CD のみ
5 ABCD すべて

問 18
次に示す線量計のうち，個人被ばく線量計として用いられていないものはどれか。
1 熱ルミネッセンス線量計　　2 電離箱式線量計
3 蛍光ガラス線量計　　4 シリコン半導体線量計
5 フリッケ線量計

問 19
個人被ばく線量計による測定に関する記述として，誤っているものはどれか。
1 個人被ばく線量計の種類は，放射線の種類に応じて適切なものを選ぶ必要がある。
2 不均等被ばくが予想される場合には，最も大きく被ばくする部位だけに線量計を装着すればよい。
3 指の局所被ばくを測定する場合には，リングバッジを装着する。
4 一般に α 線による外部被ばくは測定する必要がない。
5 コントロール用線量計は，線量計のバックグラウンドを補正するために必要である。

問 20

個人被ばく線量計に関する記述として，誤っているものはどれか。
1　TLD 線量計は繰り返しの読み取りはできないが，蛍光ガラス線量計は繰り返し読み取りができる。
2　OSL 線量計は，フィルムバッジに比べて，フェーディングが小さい。
3　電子式ポケット線量計は，空乏層に生じた電子－イオン対による発光を利用している。
4　蛍光ガラス線量計は，おもに γ 線や X 線の測定に利用されるが，中には β 線測定が可能なものもある。
5　蛍光ガラス線量計は，フィルムバッジに比して，温度や湿度の影響を受けにくい。

問 21

次に示す放射性核種の中で，気体として封入される密封線源はどれか。
1　^{60}Co　2　^{85}Kr　3　^{137}Cs　4　^{210}Po　5　^{241}Am

問 22

ラジオアイソトープによる皮膚の汚染が起きた場合の除染法として誤っているものはどれか。
1　粉末状の中性洗剤を散布し，水でぬらして，ハンドブラシで軽くこすりながら流水中で流す。
2　石けんを用いてブラシで強くこする。
3　酸化チタンペーストを十分に塗りつけて 2～3 分程度放置し，濡れた布でこすり取ってから十分水洗する。
4　中性洗剤－キレート形成剤の 1：2 混合粉末を散布し，水でぬらした後，ハンドブラシでこすりながら水洗する。
5　飽和 $KMnO_4$ 水溶液に等量の 0.2M 塩酸を加えて汚染個所に注ぎ，ハンドブラシで軽くこすりながら水洗することを 3 回繰り返し，次に 10% $NaHSO_3$ で色を抜く。

問 23

ヒットモデルと平均致死線量に関する次の記述において，誤っているも

のはどれか。
1 生体細胞内には，細胞の生存にとって重要な標的があって，これを放射線がヒット（狙い打ち）することで細胞が死に至るというのが標的理論である。
2 平均で m 個のヒット（打撃）が生じ，その中で実際に標的に r 個のヒット（的中）が生じる確率 $P(r)$ はポアソン確率の理論から，次のようになる。

$$P(r) = e^{-m} \frac{m^r}{r!}$$

3 平均で m 回のヒット（打撃）があっても，その一つも的中しない場合の細胞集合体の生存確率（生存率）を S とすると，S は次のようになる。

$$S = e^{-m} = \exp(-m)$$

4 平均致死線量は，D63 値，63％ 線量などとも呼ばれ，放射線感受性を評価する際に用いられ，これが小さい場合には感受性が高いということになる。
5 平均で m 個のヒット（打撃）になるような線量を照射した場合の細胞生存率は，$S = e^{-m}$ であるので，平均で 1 個のヒット（打撃）になるような線量を照射した場合の細胞生存率は，この式において $m = 1$ とすれば，$S = 0.368 \fallingdotseq 0.37$ となる。

問 24
LET と生体影響の関係に関する記述において，誤っているものはどれか。
1 亜致死損傷は，低 LET 放射線のほうが起きやすい。
2 放射線の種類が異なっても，LET が同一であれば，生体に与える影響としての損傷の種類や分布はほぼ同様である。
3 高 LET 放射線の照射による影響では，被ばく後の回復の程度は小さい。
4 高 LET 放射線では，線量率効果が小さい。
5 高 LET 放射線では，放射線影響を修飾することのできる程度は小さくなる。

問 25
　染色体異常に関する記述として，誤っているものはどれか。
1　転座や逆位は安定型異常といわれる。
2　環状染色体や二動原体染色体は不安定型異常に属する。
3　姉妹染色分体交換は，発生しても基本的に遺伝情報は変化しない。
4　点突然変異が起きても染色体の構造は基本的には変わらない。
5　安定型染色体異常は，細胞分裂によって引き継がれることはない。

問 26
　放射線感受性が高いものの組合せは，次のうちのどれか。
A　腸腺窩細胞　　B　脊髄細胞　　C　筋肉細胞
D　神経細胞　　　E　精原細胞
1　ABのみ　　2　ABEのみ　　3　BCのみ　　4　DEのみ
5　ABCDEすべて

問 27
　培養細胞における線量－生存率曲線に関する記述として，誤っているものはどれか。
1　グラフの縦軸を生存率に，横軸を吸収線量に取ることが一般的である。
2　中性子線の場合は，X線に比べて，生存率曲線の傾きが急である。
3　線量率が異なれば，吸収線量が等しくても傾きは変化する。
4　線量率を高くするほうが，一般に傾きは急になる。
5　線量－生存率曲線のグラフは，放射線によるがん化の定量に用いられる。

問 28
　細胞の放射線感受性と細胞周期の関係について，正しいものの組合せはどれか。
A　分裂期は，放射線感受性が低い。
B　間期の初期は，放射線感受性が低い。
C　DNA合成準備期からDNA合成期の初期にかけては，放射線感受性が高い。

D　DNA合成期は，放射線感受性が高い。
1　AとB　2　AとC　3　BとC　4　BとD　5　CとD

問29

酸素効果に関する記述として，誤っているものはどれか。

1　酸素効果の程度を示す指標としては，次の定義によるOERがある。

$$\mathrm{OER} = \frac{無酸素下で，ある効果を得るのに必要な放射線量}{酸素存在下で，同じ効果を得るのに必要な放射線量}$$

2　X線のOERは2.5～3.0程度である。
3　がん細胞の中心部は一般に低酸素状態にあり，放射線治療に対して低感受性である。直接その中心部に酸素を送り込むことは難しいが，一回目の照射でがん細胞周辺の酸素リッチな正常細胞を死滅させ，その酸素ががん細胞側に移った後に再び照射するという分割照射法を再酸素化と呼んでいる。
4　高LET領域での酸素効果は，低LET領域に比して低くなる。
5　LETが10～100keV/μmの領域ではLETの増加とともにRBEもOERも上昇する。

問30

胎内被ばくに関する記述として，正しいものはどれか。

1　胚の死亡には，しきい線量はない。
2　奇形は確率的影響に分類される。
3　胎児期の被ばくでは，精神発達遅滞が起こりやすい。
4　着床前期の被ばくでは，がんが起こりやすい。
5　器官形成期の被ばくでは，死産の可能性が高い。

3 関係法令 [標準解答時間：75分]

問 1
原子力基本法の目的に関する次の条文に関して，（ A ）～（ D ）の中に入るべき適切な語句の組合せを選択肢より選べ。

この法律は，（ A ）の研究，開発及び利用を推進することによって，将来における（ B ）を確保し，（ C ）と産業の振興とを図り，もって（ D ）と国民生活の水準向上とに寄与することを目的とする。

	（ A ）	（ B ）	（ C ）	（ D ）
1	核物理	エネルギー資源	技術の進歩	人類社会の福祉
2	核物理	新エネルギー資源	学術の進歩	人類社会の幸福
3	原子力	エネルギー資源	技術の進歩	人類社会の福祉
4	原子力	新エネルギー資源	学術の進歩	人類社会の幸福
5	原子力	エネルギー資源	学術の進歩	人類社会の福祉

問 2
放射線障害防止法施行規則に示された用語の定義に関する次の文章において，誤っているものはどれか。

1. 作業室とは，密封されていない放射性同位元素の使用をし，又は放射性同位元素によって汚染された物で密封されていないものの詰替えをする室をいう。
2. 廃棄作業室とは，放射性同位元素又は放射性同位元素によって汚染された物を焼却した後その残渣を焼却炉から搬出し，又はコンクリートその他の固型化材料により固型化する作業を行う室をいう。
3. 放射線施設とは，使用施設，廃棄物詰替施設，貯蔵施設，廃棄物貯蔵施設又は廃棄施設をいう。
4. 放射線作業従事者とは，放射性同位元素等又は放射線発生装置の取扱い，管理又はこれに付随する業務に従事する者であって，管理区域に立ち入るものをいう。
5. 汚染検査室とは，人体又は作業衣，履物，保護具等人体に着用している物の表面の放射性同位元素による汚染の検査を行う室をいう。

問 3
「放射性同位元素及び放射線」の定義に関する次の文章において，放射線障害防止法に照らして，正しいものはどれか。
1 　放射線を放出する同位元素であって，機器に装備されているものは，「放射性同位元素」に含まれない。
2 　プルトニウム及びその化合物は核燃料物質に該当するので，「放射性同位元素」に含まれる。
3 　ウラン，トリウム等の核原料物質及び核燃料物質は，「放射性同位元素」に含まれる。
4 　放射線とは，原子力基本法に規定する「放射線」をいい，電磁波又は粒子線のうち，直接又は間接に空気を電離する能力をもつもので，同法に基づく政令で定められているものをいう。
5 　放射線を放出する同位元素の数量又は濃度がその種類ごとに文部科学大臣が定める数量又は濃度をこえるものを「放射性同位元素」という。

問 4
次に示すものを使用する場合，放射線障害防止法の規制を受けるものはどれか。
1 　密封された固体状のストロンチウム 90（下限数量 1×10^4 Bq，下限濃度 1×10^2 Bq / g）であって，その濃度が 370 Bq / g，数量が 37 kBq であるもの
2 　密封された炭素 14（下限数量 1×10^7 Bq，下限濃度 1×10^4 Bq / g）であって，その濃度が 740 Bq / g，数量が 74 MBq であるもの
3 　ウラン，トリウム等の核原料物質であって，その濃度が 74 Bq / g，数量が 3.7 MBq のもの
4 　数量が 370 kBq の密封されていないプルトニウム及びその化合物
5 　1 個当たりの濃度が 380 Bq / g であるプロメチウム 147（下限数量 1×10^7 Bq，下限濃度 1×10^4 Bq / g）が密封された機器部品で，合計数量が 3.7 MBq をこえるもの

問 5
放射線関連の取扱等業務に関する記述として，誤っているものはどれか。

1 放射線業務従事者とは，放射性同位元素等又は放射線発生装置の取扱い，管理又はこれに付随する業務に従事する者であって，管理区域に立ち入る者とされている。
2 放射線施設とは，使用施設，廃棄物詰替施設，貯蔵施設，廃棄物貯蔵施設又は廃棄施設をいう。
3 実効線量限度とは，放射線業務従事者の実効線量について，文部科学大臣が定める一定期間内における線量限度である。
4 等価線量限度とは，放射線業務従事者の各組織の等価線量について，文部科学大臣が定める一定期間内における線量限度である。
5 文部科学大臣が定める等価線量限度としては，皮膚及び妊娠中女子の腹部表面について定められている。

問6

放射線障害防止法にいう「放射線発生装置」に該当しないものはどれか。ただし，これらはみなその表面から10cm離れた位置における最大線量当量率が1cm線量当量率について600nSv／hをこえているものとする。
1 サイクロトロン　2 シンクロトロン　3 マクロトロン
4 直線加速装置　5 ファン・デ・グラーフ型加速装置

問7

放射線業務従事者の線量限度に関する以下の記述において，放射線障害防止法に照らして，誤っているものはどれか。
1 実効線量については，4月1日を始期とする1年間につき20mSvとする。
2 眼の水晶体の等価線量は，4月1日を始期とする1年間について150mSvとする。
3 皮膚の等価線量は，4月1日を始期とする1年間について500mSvとする。
4 妊娠中である女子の腹部表面については，本人の申し出等によって許可使用者が妊娠の事実を知った時から出産までの期間につき，2mSvとされている。
5 妊娠不能と診断された者や妊娠の意思のない旨を使用者等に書面で申

し出た者，また妊娠中の者を除く女子について，実効線量は4月1日，7月1日，10月1日，1月1日を始期とする3月間につき5mSvとする。

問8
次の文章の中で，放射線障害防止法上正しいものの組合せはどれか。
A 外部放射線に係る線量が実効線量で3月間について1.3mSvを超えるおそれのある場所は管理区域である。
B 直線加速装置で，その表面から10cm離れた位置における最大線量当量率が1cm線量当量率について200nSv/hであるものは，放射線障害防止法の規制を受ける。
C 空気中の放射性同位元素の濃度が3月間平均で空気中濃度限度の1/10を超えるおそれのある場所は管理区域である。
D 放射性同位元素によって汚染される物の表面の放射性同位元素の密度が表面密度限度の1/10を超えるおそれのある場所は管理区域である。
1 ABのみ　2 ACDのみ　3 BCのみ　4 Dのみ
5 ABCDすべて

問9
使用の許可を受けようとする者が，文部科学大臣に提出する申請書に記載しなければならない事項として放射線障害防止法に定められていないものはどれか。
1 使用の目的及び方法
2 使用の場所
3 廃棄の場所及び方法
4 放射性同位元素又は放射線発生装置の使用をする施設の位置，構造及び設備
5 放射性同位元素を貯蔵する施設の位置，構造及び貯蔵能力

問10
密封された放射性同位元素のみを使用しようとする者が，文部科学大臣の許可を受けるために提出する申請書に添えなければならない書類として

放射線障害防止法に定められているものの正しい組合せはどれか。
A 予定使用開始時期及び予定使用期間を記載した書面
B 使用施設，貯蔵施設及び廃棄施設を中心とし，縮尺及び方位を付けた工場又は事業所内外の平面図
C 使用施設，貯蔵施設及び廃棄施設の各室の間取り及び用途，出入口，管理区域並びに標識を付ける箇所を示し，かつ，縮尺及び方位を付けた平面図
D 使用施設，貯蔵施設及び廃棄施設の主要部分の縮尺を付けた断面詳細図

1 ABのみ　2 ACDのみ　3 BCのみ　4 Dのみ
5 ABCDすべて

問 11

使用の許可における変更に関する次の文章の中で，放射線障害防止法上誤っているものはどれか。

1 許可使用者が，放射性同位元素の使用の目的を変更しようとするときは，その変更の許可申請の際に，許可証を文部科学大臣に提出しなければならない。
2 許可使用者が，氏名又は名称を変更したときは，変更の日から30日以内に，許可証を添えてその旨を文部科学大臣に届け出なければならない。
3 貯蔵施設に設置している貯蔵箱を，構造，材料及び貯蔵能力の変わらない貯蔵箱に変更する場合
4 許可使用者が，放射性同位元素の予定使用期間を変更しようとするときは，その変更の許可申請の際に，許可証を文部科学大臣に提出しなければならない。
5 放射性同位元素装備機器を使用する場所の変更においては，変更許可手続きは不要である。

問 12

許可証に関する次の記述に関し，放射線障害防止法に照らして，正しいものはどれか。

1 許可証を失った者が，許可証の再交付を申請するに当たって，文部科

学大臣に提出する申請書にはその許可証の写しを添えなければならない。
2　許可証を失った許可使用者は，文部科学大臣の変更許可を受けた後に，許可証の再交付申請書を提出しなければならない。
3　許可証を汚したり，損じたりした者が，許可証の再交付を申請するに当たっては，その許可証を添えて提出することが必要である。
4　軽微な変更の場合には，届出の際に許可証は添えなくてもよい。
5　住所以外に変更のない場合には，許可証の訂正手続きは不要である。

問 13
　許可使用者が変更の許可を受けようとするとき，申請書に添えなければなければならない書類として放射線障害防止法に定められているものの組合せはどれか。
A　放射線障害予防規程の変更の内容を記載した書面
B　変更の予定時期を記載した書面
C　変更に係る使用施設，貯蔵施設及び廃棄施設の主要部分の縮尺を付けた断面詳細図
D　工事を伴うときは，その予定工事期間及びその工事期間中放射線障害の防止に関し講ずる措置を記載した書面
1　ABのみ　2　ACDのみ　3　BCDのみ　4　CDのみ
5　ABCDすべて

問 14
　次に示す使用目的のうち，その旨を文部科学大臣に届け出ることによって，許可使用者が一時的に使用の場所を変更して使用できる場合として，放射線障害防止法上定められているものの正しい組合せはどれか。
A　物の密度，質量又は組成の調査で文部科学大臣が指定するもの
B　河床洗堀調査
C　展覧，展示又は講習のためにする実演
D　機械，装置等の校正検査
E　地下検層
1　ABCのみ　2　ACDのみ　3　BCEのみ　4　CDEのみ
5　ABCDEすべて

問 15

届出販売業者の業に関して，放射線障害防止法上あらかじめ文部科学大臣に届け出なければならない変更事項の組合せはどれか。

A 密封されたイリジウム 192 の年間販売予定数量を 370GBq から 720GBq に変更する場合
B 密封されたイリジウム 192 のみを販売する届出販売業者が，新たに密封されたコバルト 60 の販売を開始する場合
C 名称及び法人の代表者の氏名を変更する場合
D 販売所の所在地を変更する場合
E 貯蔵施設の位置，構造及び貯蔵能力を変更する場合

1 ABE のみ　2 ACD のみ　3 BD のみ　4 CDE のみ
5 ABCDE すべて

問 16

放射性同位元素の使用，保管及び廃棄に関する帳簿の閉鎖時期及び閉鎖後の保存の期間について，放射線障害防止法に照らして正しいものはどれか。

選択肢	帳簿の閉鎖時期	帳簿の保存期間
1	3ヶ月ごと	1年間
2	6ヶ月ごと	3年間
3	1年ごと	3年間
4	1年ごと	5年間
5	3年ごと	5年間

問 17

次に示す事例のうち，変更の許可を要しない軽微な変更に該当する事項として，放射線障害防止法上定められているものの正しい組合せはどれか。

A 放射性同位元素の使用時間数の減少

B 放射性同位元素の数量の減少
C 放射性同位元素使用室に緊急避難用の退出路を確保するための扉の増設
D 使用施設，貯蔵施設の廃止
E 管理区域の拡大及び当該拡大に伴う管理区域の境界に設ける柵の変更で工事を伴わないもの

1　ABEのみ　2　ACDのみ　3　BCEのみ　4　DEのみ
5　ABDEのみ

問 18

次の文中の（ A ）～（ C ）の中に入るべき語句について，放射線障害防止法上定められているものの組合せはどれか。

（ A ）の線量は，次の措置のいずれかを講ずることにより，実効線量限度及び等価線量限度を超えないようにすること。
イ　しゃへい壁その他のしゃへい物を用いることにより放射線のしゃへいを行うこと。
ロ　（ B ）等を用いることにより放射性同位元素又は放射線発生装置と人体との間に適当な距離を設けること。
ハ　人体が放射線に被ばくする（ C ）すること。

	（ A ）	（ B ）	（ C ）
1	放射線業務従事者	遠隔操作装置，かん子	時間を短く
2	放射線業務従事者	さく，縄張り	作業を少なく
3	人が常時立ち入る場所	遠隔操作装置，かん子	作業を少なく
4	人が常時立ち入る場所	遠隔操作装置，かん子	時間を短く
5	人が常時立ち入る場所	さく，縄張り	時間を短く

問 19

使用施設に関する技術上の基準に関する記述として，正しいものの組合せはどれか。

A 工場又は事業所の境界における線量は，実効線量で1月間につき1mSv以下としなければならない。
B 病院又は診療所の病室における線量は，実効線量で3月間につき1.3mSv以下としなければならない。

C 工場又は事業所内の人が居住する区域における線量は，実効線量で1週間につき250μSv以下としなければならない。
D 使用施設内の人が常時立ち入る場所において人が被ばくするおそれのある線量は，実効線量で1週間につき1mSv以下としなければならない。

1　AとB　2　AとC　3　BとC　4　BとD　5　CとD

問20

A型輸送物に係る技術上の基準に関する次の文章において，放射線障害防止法上誤っているものはどれか。
1　外接する直方体の各辺が10cm以上であること
2　容易に，かつ，安全に取り扱うことができること
3　運搬中に予想される温度及び内圧の変化，振動等により，き裂，破損等の生じるおそれがないこと
4　みだりに開封されないように，かつ，開封された場合に開封されたことが明らかになるように，容易に破れないシールの貼り付け等の措置が講じられていること
5　開封されたときに見やすい位置に「放射性」又は「Radioactive」の表示を有していること。ただし，文部科学大臣が定める場合は，この限りではない。

問21

使用の届出における変更に関する次の文章の中で，放射線障害防止法上正しいものの組合せはどれか。
A 届出使用者は，氏名又は名称を変更しようとする場合には，あらかじめ，その旨を文部科学大臣に届け出なければならない。
B 届出使用者は，使用の目的及び方法を変更しようとする場合には，あらかじめ，その旨を文部科学大臣に届け出なければならない。
C 届出使用者は，法人の住所を変更しようとする場合には，あらかじめ，その旨を文部科学大臣に届け出なければならない。
D 届出使用者は，移転によって事業所の所在地を変更した場合は，変更の日から30日以内に，その旨を文部科学大臣に届け出なければならない。

1　ACDのみ　2　Bのみ　3　BCのみ　4　Dのみ
5　ABCDすべて

問22
　放射線障害防止法に定められている教育及び訓練の項目に該当するものの組合せとして正しいものはどれか。
A　放射線の人体に与える影響
B　放射性同位元素及び放射線発生装置による放射線障害の防止に関する法令
C　放射線障害予防規程
D　放射性同位元素等又は放射線発生装置の安全取扱い
1　ABのみ　2　ACDのみ　3　BCのみ　4　Dのみ
5　ABCDすべて

問23
　健康診断に関し，健康診断のつど記録しなければならない事項として，放射線障害防止法上定められているものの組合せはどれか。
A　実施年月日　　　　　　B　対象者の氏名
C　健康診断を行った医師名　D　健康診断の結果
E　健康診断の結果に基づいて講じた措置
1　ABのみ　2　ACDのみ　3　BCEのみ　4　DEのみ
5　ABCDEのすべて

問24
　放射線障害を受けたおそれのある放射線業務従事者への措置として，放射線障害防止法上正しいものの組合せはどれか。
A　管理区域への立入時間の短縮
B　管理区域への立入りの禁止
C　放射線に被ばくするおそれの少ない業務への配置転換
D　必要な保健指導
1　ABのみ　2　ACDのみ　3　BCのみ　4　Dのみ
5　ABCDすべて

問 25

事故届に関する次の文章において，（ A ）～（ D ）に該当する語句として，放射線障害防止法に照らして妥当な組合せはどれか。

許可届出使用者等（ A ）及び（ A ）から運搬を委託された者を含む。）は，その所持する放射性同位元素について（ B ），所在不明その他の事故が生じたときは，遅滞なく，その旨を（ C ）又は（ D ）に届け出なければならない。

	（ A ）	（ B ）	（ C ）	（ D ）
1	表示付認証機器使用者	盗取	警察官	海上保安官
2	表示付認証機器使用者	破損	文部科学大臣	警察官
3	認証機器使用者	盗取	警察官	海上保安官
4	認証機器使用者	破損	文部科学大臣	警察官
5	認証機器使用者	汚染	警察官	海上保安官

問 26

危険時の措置に関する法第 33 条の文章における（ A ）～（ C ）に該当する適切な語句の組合せはどれか。

1 許可届出使用者等は，その所持する放射性同位元素若しくは放射性同位元素によって汚染された物又は放射線発生装置に関し，地震，火災その他の災害が起こったことにより，放射線障害のおそれがある場合又は放射線障害が発生した場合においては，直ちに，文部科学省令で定めるところにより，（ A ）を講じなければならない。

2 前項の事態を発見した者は，直ちに，その旨を（ B ）に（ C ）なければならない。

	（ A ）	（ B ）	（ C ）
1	応急の措置	警察官又は海上保安官	通報し
2	応急の措置	消防官又は海上保安官	届け出
3	健康診断	警察官又は海上保安官	通報し
4	健康診断	消防官又は海上保安官	届け出
5	健康診断	文部科学大臣又は国土交通大臣	通報し

問 27

定期講習に関する次の文章において，（ A ）〜（ C ）に該当する語句として，放射線障害防止法に照らして妥当な組合せはどれか。

許可届出使用者，届出販売業者，届出賃貸業者及び許可廃棄業者のうち文部科学省令で定めるものは，（ A ）に，文部科学省令で定める（ B ）ごとに，文部科学大臣の登録を受けた者が行う（ A ）の（ C ）の講習を受けさせなければならない。

	（ A ）	（ B ）	（ C ）
1	放射線取扱主任者	区分	放射線取扱主任者免状の更新のため
2	放射線取扱主任者	期間	資質の向上を図るため
3	放射線業務従事者	期間	放射線取扱主任者免状の更新のため
4	放射線業務従事者	区分	資質の向上を図るため
5	放射線業務従事者	期間	資質の向上を図るため

問 28

放射線障害防止法に定期講習を受けさせることを要しない事業者として，放射線障害防止法上正しいものの組合せはどれか。

A 密封された放射性同位元素のみを賃貸する届出賃貸業者
B 表示付認証機器のみを販売する届出販売業者
C 密封されていない放射性同位元素のみを販売する届出販売業者
D 表示付認証機器のみを賃貸する届出賃貸業者
E 密封された放射性同位元素のみを販売する届出販売業者

1 AとB 2 AとC 3 BとD 4 BとE 5 CとE

問 29

放射線障害防止法における報告徴収に関する記述として，誤っているものはどれか。

1 放射線管理状況報告書は，毎年4月1日からその翌年の3月31日までの期間について作成し，当該期間の経過後3月以内に文部科学大臣に提出しなければならない。

2 放射性同位元素の盗取又は所在不明が生じたときには，その旨を直ちに，その状況及びそれに対する処置を30日以内に文部科学大臣に報告しなければならない。

3 気体状の放射性同位元素等を排気設備において浄化し，又は排気することによって廃棄した場合において，所定の濃度限度又は線量限度を超えたときには，その旨を直ちに，その状況及びそれに対する処置を10日以内に文部科学大臣に報告しなければならない。
4 放射線業務従事者について実効線量限度若しくは等価線量限度を超え，又は超えるおそれのある被ばくがあつたときには，その旨を直ちに，その状況及びそれに対する処置を10日以内に文部科学大臣に報告しなければならない。
5 放射性同位元素等が管理区域内で漏えいしたときであっても，気体状の放射性同位元素等が漏えいした場合において，空気中濃度限度を超えるおそれがないときは文部科学大臣への報告はしなくてもよい。

問30
　許可届出使用者が備えるべき帳簿に記載しなければならない放射線施設の点検事項に関する記述として，正しいものの組合せはどれか。
A　実施方法及び使用機器の名称
B　実施監督者の氏名と職務
C　実施年月日及び点検を行った者の氏名
D　点検結果及びこれにともなう措置の内容
1　AとB　2　AとC　3　BとC　4　BとD　5　CとD

模擬テスト—解答

1 管理技術 I

問 1

I

A	B	C	D	E
2	5	6	8	13

II

A	B	C	D
2	5	7	11

問 2

I

A	B	C	D	E	F	G	H	I	J
4	7	5	5	6	2	6	6	6	6

II

A	B	C
2	6	3

問 3

A	B	C	D	E	F
2	11	8	5	7	9

問 4

I

A	B	C	D	E	F	G
2	11	4	12	6	7	8

II

A	B	C	D	E	F
2	7	9	11	1	15

問 5

A	B	C	D	E	F	G	H
1	4	5	7	11	13	15	19

I	J	K	L
9	19	27	22

II

A	B
1	2

2 管理技術 II

問1	問2	問3	問4	問5	問6	問7	問8	問9	問10
5	4	1	5	3	4	5	1	4	2
問11	問12	問13	問14	問15	問16	問17	問18	問19	問20
5	3	1	2	5	1	2	5	2	3
問21	問22	問23	問24	問25	問26	問27	問28	問29	問30
2	2	4	2	5	2	5	3	5	3

3 関係法令

問1	問2	問3	問4	問5	問6	問7	問8	問9	問10
5	4	4	3	5	3	1	2	3	5
問11	問12	問13	問14	問15	問16	問17	問18	問19	問20
4	3	3	5	3	4	5	1	4	5
問21	問22	問23	問24	問25	問26	問27	問28	問29	問30
2	5	5	5	1	1	2	3	2	5

模擬テスト-解説と解答

1 管理技術 I

問 1 解答

I
A 2 (H_{1cm})   B 5 (実効)   C 6 (等価)
D 8 (ICRU 球)   E 13 (平行)

II
A 2 ($H_{70μm}$)   B 5 (外部)   C 7 (等価)
D 11 (線量当量)

問 2 解答

I 正解を入れて表を整理しますと，次のようになります。

壊変形式	原子番号の変化	質量数の変化
$α$ 壊変	A 4 (−2)	F 2 (−4)
$β^-$ 壊変	B 7 (+1)	G 6 (±0)
$β^+$ 壊変	C 5 (−1)	H 6 (±0)
軌道電子捕獲	D 5 (−1)	I 6 (±0)
核異性体転移	E 6 (±0)	J 6 (±0)

II
A 2 (アクチニウム系列)   B 6 (^{235}U)
C 3 (ネプツニウム系列)

問 3 解答

A 2 (再結合領域)   B 11 (GM 計数管領域)   C 8 (電離箱領域)
D 5 (境界領域)   E 7 (連続放電領域)
F 9 (比例計数管領域)

180

正しい解答を入れた図を次に示します。

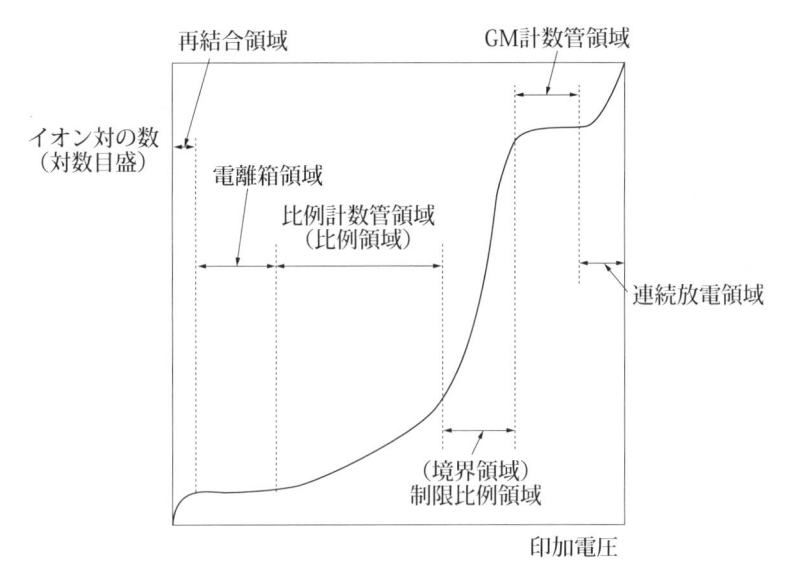

図 イオン対の数と印加電圧との関係

問 4 解答

I
A 2（荷電）　　　B 11（直接電離作用）　　C 4（非荷電）
D 12（間接電離作用）　E 6（陽極）　　　　F 7（陰極）
G 8（イオン対）

II
A 2（C）　　　B 7（$N = \dfrac{Q}{q}$）　C 9（W値）　D 11（Gy）
E 1（J）　　　F 15（空気等価電離箱）

問 5 解答

I
A 1（経口摂取）　　B 4（経皮侵入）　　C 5（酸化プルトニウム）
D 7（化学的）　　　E 11（トリチウム）　F 13（カルシウム）
G 15（甲状腺）　　 H 18（尿や糞）　　　I 9（生物学的）
J 19（有効）　　　 K 27（$T_E = \dfrac{T_P \times T_B}{T_P + T_B}$）　　　L 22（肺）

II
A 1 (15) B 2 (20)

2 管理技術II

問1 解説　正解 5

　誤っている項目は 5 の質量数ですね。質量数は，陽子数と中性子数の和となります。正しい表を以下に示します。

種類	記号	陽子数	中性子数	電子数	質量数
水素	H，または，^{1}H	1	0	1	1
重水素	D，または，^{2}H	1	1	1	2
三重水素	T，または，^{3}H	1	2	1	3

問2 解説　正解 4

　電荷 e を持つ荷電子が電位差 V の電場で加速された場合に得る運動エネルギーは eV となります。一方，質量 m の粒子の速度を v としますと，その運動エネルギーは $\frac{1}{2}mv^2$ となりますから，これらを等しいと置きますと，

$$eV = \frac{1}{2}mv^2$$

これを v について解いて，

$$v = \sqrt{\frac{2eV}{m}}$$

問3 解説　正解 1

　1 の自発性分裂は，約半分程度の二つの核に変わる現象です。^{252}Cf（カリホルニウム）のような大きな元素で起きますので，その変化の大きさ（原子番号変化）も大きいものになります。これが答えになりますね。2 の α 壊変は，ヘリウム原子核が飛び出す変化ですので，原子番号は 2 だけ減ります。3 の

電子捕獲は核の中の陽子が電子を捕まえて中性子になりますので，原子番号が 1 だけ減ります。4 の核異性体転移というのは，核の中で陽子と中性子の数は変化しないものの，その配列（配置）が変わる変化です。したがって，原子番号は変化しません。5 の陽電子放出は，中性子不足（陽子過剰）の核において，陽子が中性子に変わる現象ですので，陽子（原子番号）が一つ減ります。

問 4 解説　　　　　　　　　　　　　　　　　　　正解　5

5 の核異性体転移では，原子核の中の中性子の数も陽子の数も変化しません。並び方が変わるだけですので。±0 が正しい表示です。+1 というのは誤りです。

問 5 解説　　　　　　　　　　　　　　　　　　　正解　3

質量欠損の Δm をエネルギーに換算するだけの問題ですね。amu は atomic mass unit と考えましょう。$\Delta E = \Delta mc^2$ に代入していきますと，

$\Delta E = 0.0305 \mathrm{amu} \times 1.66 \times 10^{-27} \mathrm{kg} \times (3.0 \times 10^8 \mathrm{m/s})^2$
$= 4.557 \times 10^{-12} \mathrm{J}$

この問題の選択肢を見ますと，結果の位取り（$\times 10^{-12}$ の部分）は聞いていませんので，$0.0305 \times 1.66 \times 3.0^2$ だけを計算すれば正解が得られます。

問 6 解説　　　　　　　　　　　　　　　　　　　正解　4

粒子が失う最大エネルギーは，与えられた式の $\cos\phi = -1$（$\phi = 180°$）の場合となります。また，本問では，$m = M$ ということですから，これらを使いますと，失う最大エネルギー $E_{\max}$ は，

$E_{\max} = E_n$

結局，自分の持ってきたエネルギーを全部失う場合が最大の損失ということで，考えてみると，当たり前と言えそうですね。

問 7 解説　　　　　　　　　　　　　　　　　　　正解　5

1～4 まではそれぞれで正しい単位となっていますが，5 の吸収係数は，$\mathrm{g \cdot cm^{-3}}$ ではなくて，$\mathrm{cm^{-1}}$ が正しい単位です。

散乱や吸収によって，電磁放射線は（単一エネルギーで，細い線束の場合に）指数関数で減衰します。入射した電磁放射線の強度 I_0，x [cm] 透過後の強度 I としますと，

$$I = I_0 \exp(-\mu x) = I_0 e^{-\mu x}$$

この μ が吸収係数とか，減弱係数（線減弱係数），衰減係数などと呼ばれます。Exp の中の量は基本的に無次元ですので，μx が無次元である必要があります。x が長さの単位ですので，吸収係数はその逆数となります。

問8 解説　　　　　　　　　　　　　　　　　　　　　正解　1

1　これは記述のとおりです。
2　一次電離で発生した電子のうち，二次電離を起こすエネルギーを持つ電子は，ε線ではなくて，（α線，β線，あるいは，γ線に対して）δ線と呼ばれることがあります。
3　中性子線は電荷を持ちません。電磁放射線ではありません。電磁放射線は，電磁波のうち物質を電離する能力のある X 線と γ 線をいいます。
4　問題文のようなイオン対をつくる平均エネルギーは G 値ではなくて，W 値といいます。
5　荷電粒子が直接に原子を電離する過程は，二次電離ではなくて，一次電離です。

問9 解説　　　　　　　　　　　　　　　　　　　　　正解　4

壊変定数を λ としますと，半減期 $T_{1/2}$ との関係式より，

$$\lambda = \frac{\ln}{T_{1/2}} = \frac{0.693}{4.0 \times 10^{16}} = 1.73 \times 10^{-17} \mathrm{s}^{-1}$$

原子数 N は，放射能 A を λ で割ったものですので，

$$N = \frac{A}{\lambda} = \frac{10 \times 10^7}{1.73 \times 10^{-17}} = 5.72 \times 10^{23} \text{ 個}$$

これを質量 W に換算します。^{40}K の質量数が 40 [g / mol] ですので，アボガドロ数を N_A [個 / mol] として，

$$W = 40 \times \frac{N}{N_A} = 40 \times \frac{5.72 \times 10^{23}}{6.02 \times 10^{23}} = 3.84 \mathrm{g}$$

質量数を M，放射能を X，半減期を $T_{1/2}$ としますと，質量 W は次のようになります。

$$W = M \cdot X \cdot T_{1/2} \times 2.4 \times 10^{-24} \ [\mathrm{g}]$$

これを公式として覚えておかれると（2.4 と -24 は覚えやすいと思われますし，）便利かと思います。この形の問題はけっこう出題されています。

問10 解説　　　　　　　　　　　　　　　　　　正解　2

質量数は，一般に原子核の陽子数と中性子数の和という定義になっています。数なので，[個] とする立場や無次元とする立場があります。しかし，水素の質量数を1と考えますと，これは原子量にもほぼ等しくなります。「ほぼ」と言いますのは，低い桁数において若干の違いがあるからですが，基本的に原子量と考えられます。原子量は単位をつける場合には，正確には「モル質量」という概念となり，[g / mol] となります。

問11 解説　　　　　　　　　　　　　　　　　　正解　5

^{14}N に陽子を当てて，^{6}Li を得るという反応です。原子番号（陽子数）と質量数が反応式の左右で保存されるという式を使います。

まず，原子番号については，N（窒素）は 7，Li（リチウム）は 3 ですから，衝突する陽子 p の原子番号が 1 であることを使い，（中性子 n には陽子はありませんので，原子番号は 0 として扱います）

$$7 + 1 = 3 + x$$

よって，

$$x = 5$$

次に質量数について，$x = 5$ を使い，

$$14 + 1 = 6 + 5 + y$$

∴

$$y = 4$$

問12 解説　　　　　　　　　　　　　　　　　　正解　3

計数値が N^2 であるとき，その標準偏差は，N となります。したがって，真の値が $N^2 \pm 2N$ の間に入るということは，標準偏差を σ と書けば，$\pm 2\sigma$ の間に入る確率はどれだけか，という問題になります。これは

95.4% でしたね。

問 13 解説   正解 1

数え落としとは，分解時間という検出器が働かない時間におけるカウント数（実際にはカウントされませんが）のことで，みかけの計数率を n [s^{-1}]，真の計数率を n_0 [s^{-1}]，分解時間を τ [s] としますと，次式が成り立ちます。

$$n_0 = \frac{n}{1-n\tau}$$

本問では，見かけの計数率 n は，

$9{,}000 \div 60 = 150\text{cps} = 150\text{s}^{-1}$

分解時間は 100μs ということなので，真の計数率は，

$$n_0 = \frac{n}{1-n\tau} = \frac{150}{1-150\times 100\times 10^6} = 152.2$$

したがって，数え落とし量は，

$152.2 - 150 = 2.2\text{cps} = 132\text{cpm}$

問 14 解説   正解 2

1 　空乏層とは，半導体に逆印加電圧をかけた際に，伝導体にはほとんど電子が存在しない領域のことです。空乏層の厚さは，印加電圧に依存します。印加電圧を大きくしますと，空乏層も厚くなります。
2 　これが記述のとおりです。気体の W 値が 27～38eV 程度であるのに対して，Ge の W 値は 3.0eV，シリコンで 3.6eV です。
3 　潮解性とは，空気中の水分を吸ってそれに溶ける現象ですが，高純度ゲルマニウムに潮解性はありません。潮解性は NaI などにあります。
4 　高純度ゲルマニウム検出器は室温でも保管できますが，使用する際には冷却する必要があります。
5 　高純度ゲルマニウム検出器は使用する際には冷却を必要としますが，長期間使用しない場合には室温で保存できます。

問 15 解説   正解 5

現像核は，まだ像になっていない段階ですので，実像ではなくて，潜像といいます。

写真を感光させる作用を写真作用，あるいは，黒化作用といいます。写真乳剤が塗られたフィルムに可視光やエックス線が当たると乳剤中に潜像が形成され，乳剤に含まれるハロゲン化銀の結晶粒が荷電粒子等の通過によってイオン対となり，励起された電子が結晶粒内に銀イオンを銀原子として集めて現像核（潜像）をつくります。これを現像しますと，黒化銀粒子となって，目に見える像が現れ，その被ばく程度に応じて黒化度の異なる像となります。エックス線が起こす，このような作用をエックス線の写真作用といいます。

問16 解説　　　　　　　　　　　　　　　　　　正解　1

シンチレーション式サーベイメータは，放射線の入射によって蛍光を発する光を，光電子増倍管により光の量に比例した電気的パルスとして検知します。これを適当な増幅器を経由させてパルスの波高を選別して計数します。ここで用いられるシンチレータとしては微量のTl（タリウム）で活性化されたNaI（よう化ナトリウム）やCsI（よう化セシウム）などの結晶が用いられます。

　感度が高く，100keV付近に最大感度を持ちますが，エネルギー依存性が大きく，50keV以下では測定に向いていません。また，パルス状に発生するエックス線では，数え落としが著しくなりGM計数管と同様に注意が必要です。

1　微量のタンタルではなくて，微量のタリウムがよう化ナトリウム結晶などに入れて用いられます。
2～5　これらは，それぞれ記述のとおりです。

問17 解説　　　　　　　　　　　　　　　　　　正解　2

正解は，4となります。密度計には^{60}Coや^{137}Csが用いられます。また，蛍光X線には^{55}Feや^{241}Amが用いられます。

問18 解説　　　　　　　　　　　　　　　　　　正解　5

示されている線量計の中で，5のフリッケ線量計は，セリウム線量計などとともに化学線量計に属し，大線量の測定に適しています。人体の被ばくにかかるレベルの線量計としては用いられていません。

　その他に示されている線量計は，いずれも個人被ばく線量計として用い

模擬テスト一解説と解答　187

られています。1の熱ルミネッセンス線量計（TLD線量計）は実効原子番号が生体に近い素子を用いていることが特徴です。2の電離箱式線量計は，ポケットチェンバーとして用いられます。3の蛍光ガラス線量計もフェーディング（潜像退行，潜像とはまだ形になっていない映像のことです）の極めて小さいものとして個人線量計に使われます。4のシリコン半導体線量計は，電子式ポケット線量計として使われています。

これらの線量計の他にも，OSL線量計（光刺激ルミネッセンス線量計）なども用いられます。

問19 解説　　　　　　　　　　　　　　　　　　　　正解　2

1　記述のとおりです。
2　不均等被ばくが予想される時には，体幹部を頭頸部（ずけい），胸部，腹部の3区分に分けて，男性は胸部，女性は腹部を測定することになりますが，それ以外の部分が最大被ばくになる可能性があればその部位にも線量計を装着します。「最も大きく被ばくする部位だけ」というのは誤りです。
3　記述のとおりです。リングバッジは，熱蛍光線量計（熱ルミネッセンス線量計）をプラスチックの指輪にはめ込んだものです。
4　これも記述のとおりです。α線は飛程が短いので，通常は測定する必要がありません。
5　やはり記述のとおりです。コントロールとは，測定対象の要因のない条件におけるものを言います。したがって，コントロール用線量計は事業所内のバックグラウンドレベルが測定できる場所（試験対象の影響のないところ）に設置します。

問20 解説　　　　　　　　　　　　　　　　　　　　正解　3

1　記述のとおりです。TLD線量計とは熱ルミネッセンス線量計（熱蛍光線量計）のことで，100〜250℃の範囲での加熱による素子の発光を利用します。加熱（アニール）して値を読み取りますが，加熱でデータが消えますので，一度読み取った値を繰り返し読み取ることができません。
2　これも記述のとおりです。OSL線量計とは，青白色のレーザー光の刺激による発光という光蛍光作用（光刺激ルミネッセンス作用）を利用

した線量計です。エネルギー特性が良好で，光学的アニーリング（強い光による照射）を行うことで繰り返し測定ができます。フェーディング（潜像退行）も小さく，温湿度の影響も受けにくいという特徴があります。ただし，読み取り操作が必要で，作業中の被ばく線量を直読することはできません。

3 これは誤りです。電子式ポケット線量計は，シリコン半導体検出器を利用したものですが，空乏層に生じた電子－イオン対による発光ではなしに，電子－イオン対による電気信号を読む形式です。ディジタル表示によって，作業中の被ばく線量を直読することができます。

4 記述のとおりです。蛍光ガラス線量計は，紫外線刺激による素子の発光を利用しています。

5 これも記述のとおりです。

問21 解説　　　　　　　　　　　　　　　　　　正解　2

2の ^{85}Kr（クリプトン）は，希ガスに属する元素です。He（ヘリウム），Ne（ネオン），Ar（アルゴン），Xe（キセノン），Rn（ラドン）などと同様に一般に化合物を作らず，それ自身が気体としてしか存在しません。

問22 解説　　　　　　　　　　　　　　　　　　正解　2

2の石けん（油脂原料の界面活性剤）を用いることは誤りです。アルキルベンゼンスルホン酸ナトリウムやソープレスソープ（油脂原料でない界面活性剤のことで，おもにアルキルベンゼンスルホン酸塩などの合成洗剤）を用います。

その他の記述は正しい記述となっています。5では，$KMnO_4$（過マンガン酸カリウム）と塩酸の混合や，$NaHSO_3$（亜硫酸水素ナトリウム）の溶解は，いずれも使用の直前に行います。皮膚に対する作用が強いです。髪には用いません。

問23 解説　　　　　　　　　　　　　　　　　　正解　4

1 記述のとおりです。
2 これも記述のとおりです。
3 やはり記述の通りで，前肢において $r = 0$ の場合に当たります。

4 平均致死線量は，D63 値，63％ 線量などではなくて，D37 値，37％ 線量などとも呼ばれ，放射線感受性を評価する際に用いられ，これが小さい場合には感受性が高いということになります。
5 正しい記述です。

問 24 解説　　　　　　　　　　　　　　　　　　　　　　正解　2

　放射線のエネルギーを阻止する能力である阻止能は，有効荷電の2乗，物質の質量，原子番号に比例し，重荷電粒子の運動エネルギーに反比例する量ですが，阻止能の絶対値を**線エネルギー付与**（LET, Linear Energy Transfer）といって，単位長さ当たりどの程度のエネルギーが物質に与えられるか，という程度を示すものとなります。
1 記述のとおりです。
2 LET が同一であっても放射線の種類が異なれば，線量の分布なども変わってきますので，損傷の種類や分布がほぼ同様とはいえません。
3 記述のとおりです。
4 高線量率で短時間照射する急照射よりも，低線量率で長時間照射する緩照射のほうが，ダメージは小さくなります。これを線量率効果といっています。高 LET 放射線では，線量率効果が小さいです。
5 記述のとおりです。高 LET 放射線では，照射影響の程度が強いために，その影響を緩和するいろいろな方法の効き目が小さくなります。

問 25 解説　　　　　　　　　　　　　　　　　　　　　　正解　5

　安定型異常とは，染色体異常があっても細胞分裂が可能であって異常が長く残るものをいい，不安定型異常とは，細胞分裂が行えずに異常が早期に消滅するものをいいます。前者に含まれるものとして転座（2個の染色体間の部分的交換異常）や逆位（順序の入れ替わり異常），端部欠失などがあり，後者には環状染色体（リング状になる異常）や二動原体染色体（動原体は染色体のくびれのことで，これが2個できる異常）などがあります。環状染色体と二動原体染色体は，いずれも細胞分裂の際に染色体が両極に分かれることができないため細胞分裂が不可能です。
1 記述のとおりです。
2 これも記述のとおりです。
3 姉妹染色分体交換は，DNA 複製後にできる同じ遺伝子を持つ2本の

染色分体のことであり，これらの間に交換が起こっても遺伝情報は変化しません。
4 点突然変異は，一つの塩基損傷のレベルでの変異ですから，この程度のことが起きても基本的には構造異常にはなりません。
5 安定型染色体異常である欠失，逆位，転座などは，安定ですので異常が残り，細胞分裂によって引き継がれます。

問 26 解説　　　　　　　　　　　　　　　　　　　　正解　2

神経細胞や筋肉細胞は，いずれも非再生系に属していて，放射線感受性は低いです。一方，精原細胞，脊髄細胞，および，腸腺窩細胞は，細胞再生系に属し，放射線感受性が高くなっています。

問 27 解説　　　　　　　　　　　　　　　　　　　　正解　5

1 記述のとおりです。このグラフに限らず，原因を横軸に，結果を縦軸にとることが一般的です。線量－生存率曲線においては，縦軸の生存率は対数目盛に，横軸の線量は線形目盛（等間隔目盛）にとられます。
2 これも記述のとおりです。
3 線量率が低くなるほど細胞への影響は軽減され，傾きは緩やかになります。
4 線量率を上げますと影響度も大きくなり，傾きは急になります。
5 細胞死はがん化にはつながりません。異常細胞として生存する細胞ががん化を引き起こしやすいのです。

問 28 解説　　　　　　　　　　　　　　　　　　　　正解　3

細胞周期は次のようになっています。
(1) DNA 合成準備期（G_1 期）
(2) DNA 合成期（S 期）
(3) 細胞分裂準備期（G_2 期）
(4) 細胞分裂期（M 期）⇒さらに前期，中期，後期，終期に細分化されます。

これらの周期の段階によって，放射線感受性も変化します。感受性が高いのは，M 期と G_1 期後半から S 期となっています。これに対して，感受性の低いのは，S 期後半および G_1 期の初期となっています。したがっ

て，BとCが正しい記述となっています。

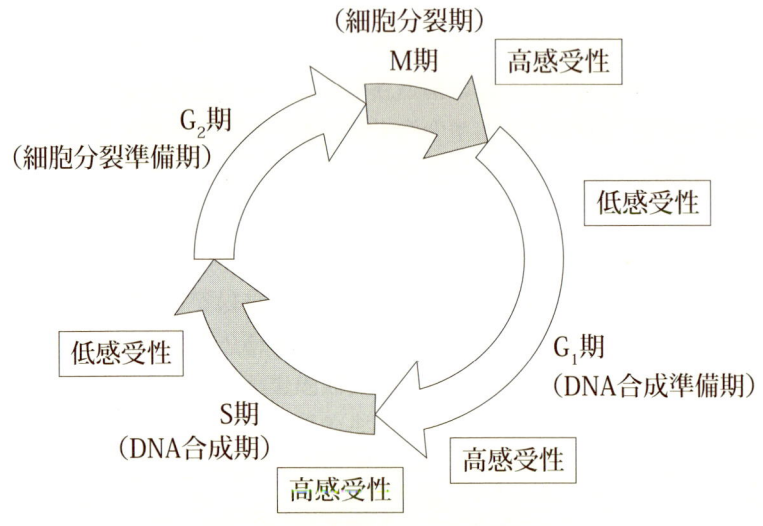

図　細胞分裂周期と放射線感受性

（細胞分裂期）M期　高感受性
G₂期（細胞分裂準備期）
低感受性
G₁期（DNA合成準備期）
高感受性
S期（DNA合成期）
低感受性
高感受性

問29　解説　　　　　　　　　　　　　　　正解　5

1～4　これらはいずれも記述のとおりです。
5　LETが10～100keV/μmの範囲ではLETの増加とともにRBE（生物学的効果比）は上昇しますが，OER（酸素増感比）はむしろ低下します酸素効果は低LET放射線で2.5～3程度と高くなります。

問30　解説　　　　　　　　　　　　　　　正解　3

1　胚の死亡は確定的影響です。そのしきい線量は，0.1Gyとされています。
2　奇形も確定的影響に分類されます。奇形のしきい線量は，0.1～0.2Gyとされています。
3　これは記述のとおりです。特に，8～25週の時期に起こりやすくなっています。精神発達遅滞のしきい線量は0.2～0.4Gyとされています。
4　着床前期の被ばくでは，発がんのリスクもありますが，起こりやすいとまでは言えません。
5　器官形成期の被ばくでは，死産の可能性が高いとは言えません。むしろ，奇形発生の可能性が最も高くなっています。

3 関係法令

問1 [解説]　　　　　　　　　　　　　　　　　　　　　　　　正解　5

放射線障害防止法と同様に，その基礎となる原子力基本法についても，その第1条（目的）や第2条（基本方針）あるいは，第3条（定義）については，このような形での出題がありえます。やはり，似たような語句であっても，法律で用いられているものが正しいとされますので，文章を繰り返し読んでおいて下さい。

原子力基本法の，正しい第1条～第3条を次に示します。ご確認下さい。

（目的）
第1条　この法律は，原子力の研究，開発及び利用を推進することによって，将来におけるエネルギー資源を確保し，学術の進歩と産業の振興とを図り，もって人類社会の福祉と国民生活の水準向上とに寄与することを目的とする。

（基本方針）
第2条　原子力の研究，開発及び利用は，平和の目的に限り，安全の確保を旨として，民主的な運営の下に，自主的にこれを行うものとし，その成果を公開し，進んで国際協力に資するものとする。

（定義）
第3条　この法律において次に掲げる用語は，次の定義に従うものとする。
一　「原子力」とは，原子核変換の過程において原子核から放出されるすべての種類のエネルギーをいう。
二　「核燃料物質」とは，ウラン，トリウム等原子核分裂の過程において高エネルギーを放出する物質であって，政令で定めるものをいう。
三　「核原料物質」とは，ウラン鉱，トリウム鉱その他核燃料物質の原料となる物質であって，政令で定めるものをいう。
四　「原子炉」とは，核燃料物質を燃料として使用する装置をいう。ただし，政令で定めるものを除く。
五　「放射線」とは，電磁波又は粒子線のうち，直接又は間接に空気を電離する能力をもつもので，政令で定めるものをいう。

問2 解説　　　　　　　　　　　　　　　　　　　　　正解　4
1　則第1条第1項第2号です。
2　則第1条第1項第3号です。
3　則第1条第1項第9号です。
4　「放射性同位元素等又は放射線発生装置の取扱い，管理又はこれに付随する業務に従事する者であって，管理区域に立ち入るもの」は，「放射線作業従事者」ではなくて，（細かいですが）「放射線業務従事者」ということになっています。
5　則第1条第1項第4号です。
　以下，同施行規則第3条を掲げます。かなりの中身ですが，ご確認下さい。

（用語の定義）
第一条　この省令において，次の各号に掲げる用語の意義は，それぞれ当該各号に定めるところによる。
一　管理区域　外部放射線に係る線量が文部科学大臣が定める線量を超え，空気中の放射性同位元素の濃度が文部科学大臣が定める濃度を超え，又は放射性同位元素によって汚染される物の表面の放射性同位元素の密度が文部科学大臣が定める密度を超えるおそれのある場所
二　作業室　密封されていない放射性同位元素の使用をし，又は放射性同位元素によって汚染された物で密封されていないものの詰替えをする室
三　廃棄作業室　放射性同位元素又は放射性同位元素によって汚染された物を焼却した後その残渣を焼却炉から搬出し，又はコンクリートその他の固型化材料により固型化する作業を行う室
四　汚染検査室　人体又は作業衣，履物，保護具等人体に着用している物の表面の放射性同位元素による汚染の検査を行う室
五　排気設備　排気浄化装置，排風機，排気管，排気口等気体状の放射性同位元素等を浄化し，又は排気する設備
六　排水設備　排液処理装置，排水浄化槽，排水管，排水口等液体状の放射性同位元素等を浄化し，又は排水する設備
七　固型化処理設備　粉砕装置，圧縮装置，混合装置，詰込装置等放射性同位元素等をコンクリートその他の固型化材料により固型化する設備
八　放射線業務従事者　放射性同位元素等又は放射線発生装置の取扱い，管理又はこれに付随する業務に従事する者であって，管理区域に立ち入るもの
九　放射線施設　使用施設，廃棄物詰替施設，貯蔵施設，廃棄物貯蔵施設又は廃棄施設
十　実効線量限度　放射線業務従事者の実効線量について，文部科学大臣が定める一定期間内における線量限度

十一　等価線量限度　放射線業務従事者の各組織の等価線量について，文部科学大臣が定める一定期間内における線量限度

十二　空気中濃度限度　放射線施設内の人が常時立ち入る場所において人が呼吸する空気中の放射性同位元素の濃度について，文部科学大臣が定める濃度限度

十三　表面密度限度　放射線施設内の人が常時立ち入る場所において人が触れる物の表面の放射性同位元素の密度について，文部科学大臣が定める密度限度

問3　解説　　正解　4

1　放射線を放出する同位元素であって，機器に装備されているものは，「放射性同位元素」に含まれます。令第1条に「法第2条第2項の放射性同位元素は，放射線を放出する同位元素及びその化合物並びにこれらの含有物（機器に装備されているこれらのものを含む。）で，放射線を放出する同位元素の数量及び濃度がその種類ごとに文部科学大臣が定める数量及び濃度を超えるものとする。」とあります。

2，3　プルトニウム及びその化合物，あるいは，ウラン，トリウム等は，核原料物質及び核燃料物質に該当し，「放射性同位元素」令第1条第1項第1号に次の規定がありますので，除かれます。「ただし，次に掲げるものを除く：原子力基本法第3条第2号に規定する核燃料物質及び同条第3号に規定する核原料物質」

4　これは記述のとおりです。原子力基本法第3条第1項第5号です。

5　「放射性同位元素」は，「数量又は濃度」ではなくて，「数量及び濃度」が基準をこえるものです。誤りです。

問4　解説　　正解　3

1　濃度では $370 \text{Bq}/\text{g} > 1 \times 10^2 \text{Bq}/\text{g} = 100 \text{Bq}/\text{g}$，数量では $37 \text{kBq} > 1 \times 10^4 \text{Bq} = 10 \text{kBq}$ といずれも基準値をこえていますので，放射線障害防止法の規制対象になります。

2　数量では $74 \text{MBq} > 1 \times 10^7 \text{Bq} = 10 \text{MBq}$ と基準値を上回っていますが，濃度では $740 \text{Bq}/\text{g} < 1 \times 10^4 \text{Bq}/\text{g}$ と下限値を下回っていますので規制対象にはなりません。

3，4　プルトニウム及びその化合物並びにウラン，トリウム等の核燃料物質や核原料物質は原子力基本法に規定する核原料物質に該当しますので，令第1条第1項第1条によって，除外されています。規制対象には

なりません。原子炉等規制法の規制を受けることになります。

5　数量では 3.7MBq < 1×10^{7}Bq = 10MBq，濃度では 380Bq/g = 3.8×10^{2}Bq0/g < 1×10^{4}Bq/g といずれも下限値を下回っていますので規制対象にはなりません。

問 5　解説　　　　　　　　　　　　　　　　　　　正解　5

1～4　いずれも正しい記述です。

5　等価線量限度としては，皮膚及び妊娠中女子の腹部表面以外に，眼の水晶体についても定められています。

問 6　解説　　　　　　　　　　　　　　　　　　　正解　3

選択肢 3 のマクロトロンという装置はありません。あるのはマイクロトロンです。

法第 2 条第 4 項にいう「放射線発生装置」は，令第 2 条や告示をまとめますと次のようになります。ただし，その表面から 10cm 離れた位置における最大線量当量率が 1cm 線量当量率について 600nSv/h 以下であるものを除きます。

a) サイクロトロン　　　　　b) シンクロトロン
c) シンクロサイクロトロン　　d) 直線加速装置
e) ベータトロン　　　　　　f) ファン・デ・グラーフ型加速装置
g) コッククロフト・ワルトン型加速装置
h) 変圧器型加速装置　　　　i) マイクロトロン
j) 重水反応のプラズマ発生装置

問 7　解説　　　　　　　　　　　　　　　　　　　正解　1

1　実効線量は，4 月 1 日を始期とする 1 年間について 50mSv とされています。

2～5　これらはいずれも記述のとおりです。

問 8　解説　　　　　　　　　　　　　　　　　　　正解　2

A　記述のとおりです。

B　直線加速装置で，その表面から 10cm 離れた位置における最大線量当量率が 1cm 線量当量率について 200nSv/h であれば，放射線障害防止

法の規制を受けません。「600nSv／h 以下であるものを除く」と規定されています。
C　記述のとおりです。
D　これも記述のとおりです。

問9　解説　　　　　　　　　　　　　　　　　　　　　　　正解　3
1　法第3条第2項第3号です。
2　法第3条第2項第4号です。
3　廃棄の場所及び方法は規定されておりません。
4　法第3条第2項第5号です。
5　法第3条第2項第6号です。

問10　解説　　　　　　　　　　　　　　　　　　　　　　　正解　5
いずれも申請書に添えなければならない書類として放射線障害防止法に定められているものに該当します。
A　則第2条第2項第2号です。
B　則第2条第2項第3号です。
C　則第2条第2項第4号です。
D　則第2条第2項第5号です。

問11　解説　　　　　　　　　　　　　　　　　　　　　　　正解　4
1　記述のとおりです［法第10条第2項］。
2　これも記述のとおりです［法第10条第1項］。
3　やはり記述のとおりです。構造，材料及び貯蔵能力が変わらないということであれば，変更許可手続きは不要です［法第10条第2項］。
4　「予定使用期間」は，変更の許可申請を必要とする項目に含まれていません。変更の許可申請そのものが必要ありません。
5　放射性同位元素装備機器の使用場所の変更は「軽微な変更」に該当します。「軽微な変更」の届出で済みます。変更許可手続きは不要です。

問12　解説　　　　　　　　　　　　　　　　　　　　　　　正解　3
1　再交付申請に当たって，許可証の写しを添えるという規定はありません。（あらかじめ写しをとっておけば可能とは言えますが，）失ったもの

の写しを添えるというのも不自然ですね。

2 　許可証を失った許可使用者が文部科学大臣の変更許可を受けるべきことは規定されていません。許可証を紛失しても，許可そのものは有効で，許可をとり直すことは必要ありません。また，再交付は申請しなければならないという規定もありません。必要になった時点で再交付申請すればよいのです。

3 　記述のとおりです。則第14条第2項に規定されています。失ったものの写しというのは不自然ですが，汚したり，損じたりした許可証であれば提出ができますね。複数の許可証を同時に持たせないという意味があります。

4 　軽微な変更であっても，その届出の際に許可証は添えなければならないことになっています。法第10条第5項の規定です。

5 　住所の変更も，氏名や名称の変更と同様で，許可証の訂正手続きが必要です。ただし，団体の場合の代表者の氏名変更の場合には，不要であることになっています［法第10条第1項］。

問13　解説　　　　　　　　　　　　　　　　　　　　　　正解　3

A　変更の許可申請の時点で放射線障害予防規程の変更の内容を記載した書面を添付する必要はありません。放射線障害予防規程の変更の内容は，変更後30日以内に届け出ることになっています［法第21条第3項］。

B　変更の予定時期を記載した書面は必要です［則第9条第2項第1号］。

C　変更に係る使用施設，貯蔵施設及び廃棄施設の主要部分の縮尺を付けた断面詳細図も必要です［則第9条第2項第2号］。

D　工事を伴うときは，その予定工事期間及びその工事期間中放射線障害の防止に関し講ずる措置を記載した書面も規定されています［則第9条第2項第3号］。

問14　解説　　　　　　　　　　　　　　　　　　　　　　正解　5

許可使用者が一時的に使用の場所を変更して使用できる場合が次のように規定されています。結局，すべて該当しますね。この出題形式以外にも，たとえばAの「物の密度，質量又は組成」について，より具体的に

「放射線利用機器名」を示して，それによる「密度や組成調査」という形で出題されることもあります。

> （許可使用に係る使用の場所の一時的変更の届出）
> 法第10条第6項　許可使用者は，使用の目的，密封の有無等に応じて政令で定める数量以下の放射性同位元素又は政令で定める放射線発生装置を，非破壊検査その他政令で定める目的のため一時的に使用をする場合において，第3条第2項第4号に掲げる事項を変更しようとするときには，文部科学省令で定めるところにより，あらかじめ，その旨を文部科学大臣に届け出なければならない。

ここでいう第3条第2項第4号とは「使用の場所」のことです。この詳細が次の施行令にあります。

> 令第9条　法第10条第6項に規定する政令で定める放射性同位元素の数量は，密封された放射性同位元素について，3TBqを超えない範囲内で放射性同位元素の種類に応じて文部科学大臣が定める数量とし，同項に規定する政令で定める放射性同位元素の使用の目的は，次に掲げるものとする。
> 一　地下検層
> 二　河床洗掘調査
> 三　展覧，展示又は講習のためにする実演
> 四　機械，装置等の校正検査
> 五　物の密度，質量又は組成の調査で文部科学大臣が指定するもの

問15　解説　　　　　　　　　　　　　　　　　　　　　正解　3

A　届出販売業者の場合，届出手続きの際に添付する書類として年間販売予定数量を記載した書面を提出する必要がありますが，これを変更しても届け出る必要はないことになっています。

B　これはあらかじめ届け出る必要があります［法第4条第1項第2号］。

C　名称及び法人の代表者の氏名を変更する場合には，あらかじめ届け出る必要はありません。変更した日から30日以内の届出でかまいません［法第4条第1項第1号］。

D　販売所の所在地を変更する場合には，あらかじめ届け出る必要があります［法第4条第1項第3号］。

E　貯蔵施設の位置，構造及び貯蔵能力を変更する場合貯蔵施設の位置，

構造及び貯蔵能力を変更する場合の規定はありません。

問16 解説　　　　　　　　　　　　　　　　　　正解 4

　法第25条の「記帳義務」に基づき，則第24条の規定として，第2項に「1年ごと」の閉鎖時期が，同条第3項に「閉鎖後5年間」の保存期間が規定されています。

問17 解説　　　　　　　　　　　　　　　　　　正解 5

　以下に示しますようなものが，あらかじめ許可証を添えて届け出ることで（許可を得ることなく）変更が可能です。Cの「放射性同位元素使用室に緊急避難用の退出路を確保するための扉の増設」は施設の構造の変更になりますので，軽微なものにはなりません。

> （変更の許可を要しない軽微な変更）
> 則第9条の2　法第10条第2項ただし書の文部科学省令で定める軽微な変更は，次の各号に掲げるものとする。
> 一　貯蔵施設の貯蔵能力の減少
> 二　放射性同位元素の数量の減少
> 三　放射線発生装置の台数の減少
> 四　使用施設，貯蔵施設又は廃棄施設の廃止
> 五　使用の方法又は使用施設，貯蔵施設若しくは廃棄施設の位置，構造若しくは設備の変更であって，文部科学大臣の定めるもの
> 六　放射線発生装置の性能の変更であって，文部科学大臣の定めるもの

これらの他にも，管理区域の拡大などが告示で示されています。「軽微」のレベルを把握しておいて下さい。

問18 解説　　　　　　　　　　　　　　　　　　正解 1

　正解は，1となります。則第15条第1項第3号イ～ハの規定です。規定をあらためて掲げますと，次のようになります。

> 放射線業務従事者の線量は，次の措置のいずれかを講ずることにより，実効線量限度及び等価線量限度を超えないようにすること。
> イ　しゃへい壁その他のしゃへい物を用いることにより放射線のしゃへいを行うこと。

> ロ　遠隔操作装置，かん子等を用いることにより放射性同位元素又は放射線発生装置と人体との間に適当な距離を設けること。
> ハ　人体が放射線に被ばくする時間を短くすること。

ここで用いられている用語「かん子」とは（法律に説明がありませんが，また，当用漢字にないためにかなで書かれていますが）「鉗子」で，鋏(はさみ)のような形をしていて刃のないもの物を持つために用いる道具を意味しています。

問19　解説　　　　　　　　　　　　　　　　　　　　　　正解　4

A　工場又は事業所の境界における線量は，実効線量で1月間につき1mSv以下ではなくて，3月間につき250μSv以下としなければならないことになっています。
B　これは記述のとおりです。病院又は診療所の病室における線量は，実効線量で3月間につき1.3mSv以下としなければなりません。
C　工場又は事業所内の人が居住する区域における線量は，実効線量で1週間ではなくて，3月間につき250μSv以下としなければならないとされています。
D　記述のとおりです。使用施設内の人が常時立ち入る場所において人が被ばくするおそれのある線量は，実効線量で1週間につき1mSv以下としなければなりません。

問20　解説　　　　　　　　　　　　　　　　　　　　　　正解　5

1　記述のとおりです。則第18条の5第2号の規定です。
2　実に当たり前のことではありますが，記述のとおりです［則第18条の5第1号，及び，則第18条の4第1号］。
3　記述のとおりです。則第18条の5第1号，及び，則第18条の4第2号の規定です。
4　則第18条の5第3号の規定に規定されています。
5　この規定は，L型輸送物に係る技術上の基準になります［則第18条の4第6号］。

問21　解説　　　　　　　　　　　　　　　　　正解　2

A　届出使用者が，氏名又は名称を変更しようとする場合には，あらかじめ届け出る必要はありません。変更の日から30日以内に届け出れば良いことになっています［法第3条の2第3項］。

B　これは記述のとおりです［法第3条の2第2項］。

C　法人の住所変更も，あらかじめ届け出る必要はありません。変更の日から30日以内に届け出れば良いことになっています［法第3条の2第3項］。

D　これは法人の住所とは異なって，実際に使用する場所を変更することになりますので，事後の届出では許されません。あらかじめ，その旨を文部科学大臣に届け出なければなりません［法第3条の2第2項］。

問22　解説　　　　　　　　　　　　　　　　　正解　5

放射線障害防止法に定められている教育及び訓練の項目は，挙げられている4項目がすべて該当します。正解は，5の「ABCDすべて」となります。

問23　解説　　　　　　　　　　　　　　　　　正解　5

A～E　いずれも該当します。それぞれ，則第22条第2項第1号のイ～ホの事項です。

問24　解説　　　　　　　　　　　　　　　　　正解　5

則第23条第1項に規定されている事項です。A～Dのすべてが該当します。

問25　解説　　　　　　　　　　　　　　　　　正解　1

正解は，1となります。法第32条の条文です。正しい語句を入れて条文を整理しますと，次のようになります。

> 許可届出使用者等（表示付認証機器使用者及び表示付認証機器使用者から運搬を委託された者を含む。）は，その所持する放射性同位元素について盗取，所在不明その他の事故が生じたときは，遅滞なく，その旨を警察官又は海上保安官に届け出なければならない。

問 26 解説　　　　　　　　　　　　　　　　　　　　正解　1

正解は，1 となります。正しい語句を入れて文章を示しますと，次のようになります。

> 1　許可届出使用者等は，その所持する放射性同位元素若しくは放射性同位元素によって汚染された物又は放射線発生装置に関し，地震，火災その他の災害が起こったことにより，放射線障害のおそれがある場合又は放射線障害が発生した場合においては，直ちに，文部科学省令で定めるところにより，応急の措置を講じなければならない。
> 2　前項の事態を発見した者は，直ちに，その旨を警察官又は海上保安官に通報しなければならない。

問 27 解説　　　　　　　　　　　　　　　　　　　　正解　2

正解は，2 となります。法第 36 条の 2 第 1 項の条文です。正しい語句を入れて条文を整理しますと，次のようになります。

> 許可届出使用者，届出販売業者，届出賃貸業者及び許可廃棄業者のうち文部科学省令で定めるものは，放射線取扱主任者に，文部科学省令で定める期間ごとに，文部科学大臣の登録を受けた者が行う放射線取扱主任者の資質の向上を図るための講習を受けさせなければならない。

問 28 解説　　　　　　　　　　　　　　　　　　　　正解　3

法第 36 条の 2（定期講習）第 1 項に基づき，則第 32 条第 1 項第 2 号に次の表現で講習を受ける義務を除外されています。すなわち，「表示付認証機器のみを販売又は賃貸する者並びに放射性同位元素等の運搬及び運搬の委託を行わない者を除く」とされています。

問 29 解説　　　　　　　　　　　　　　　　　　　　正解　2

1　記述のとおりです。則第 39 条第 3 項の規定になっています。
2　これは誤りです。放射性同位元素の盗取又は所在不明が生じたとき，その状況及びそれに対する処置の報告は，「30 日以内」ではなくて「10 日以内」です。事態は急を要しているのです。あまり間延びしていてはいけません。法第 42 条第 1 項に基づく則第 39 条第 1 項第 1 号の規定で

す．
3　これは記述のとおりです．法第 42 条第 1 項に基づく則第 39 条第 1 項第 2 号の規定です．
4　これも記述のとおりです．法第 42 条第 1 項に基づく則第 39 条第 1 項第 8 号の規定です．
5　やはり記述のとおりです．この問題の「空気中濃度限度を超えるおそれがないとき」に加えて，「漏えいした液体状の放射性同位元素等が当該漏えいに係る設備の周辺部に設置された漏えいの拡大を防止するための堰の外に拡大しなかつたとき」も報告義務は免除されます．

問 30　解説　　　　　　　　　　　　　　　正解　5

A：（×）実施方法及び使用機器の名称を記載する規定はありません．
B：（×）実施監督者の氏名と職務についても規定はありません．
C：（○）則第 24 条第 1 項第 1 号の規定です．
D：（○）則第 24 条第 1 項第 1 号の規定です．

> 結果はいかがでしたか

さくいん

【数字】

- ^{106}Ru（ルテニウム） ……………… 62
- ^{106}Rh（ロジウム） ……………… 62
- ^{12}C（炭素） ……………… 22
- ^{125}I（よう素） ……………… 114
- ^{132}Te（テルル） ……………… 62
- ^{132}I（よう素） ……………… 62
- ^{137}I（よう素） ……………… 62
- ^{137}Xe（キセノン） ……………… 62
- ^{137}Ba（バリウム） ……………… 62
- ^{137m}Ba（バリウム） ……………… 62
- ^{137}Cs（セシウム） ……………… 57, 63, 114
- ^{14}C（炭素） ……………… 57
- ^{140}Ba（バリウム） ……………… 63
- ^{140}La（ランタン） ……………… 63
- ^{145}Nd（ネオジム） ……………… 66
- ^{147}Pm（プロメチウム） ……………… 114
- ^{150}Sm（サマリウム） ……………… 65
- ^{192}Ir（イリジウム） ……………… 114
- 1cm 線量当量率定数 ……………… 117
- 1標的1ヒットモデル ……………… 74
- 1標的多重ヒットモデル ……………… 75
- ^{204}Tl（タリウム） ……………… 114
- ^{205}Tl ……………… 57
- ^{206}Pb（鉛） ……………… 57
- ^{209}Bi（ビスマス） ……………… 57
- ^{216}Po（ポロニウム） ……………… 90
- ^{22}Na（ナトリウム） ……………… 65
- ^{22}Ne（ネオン） ……………… 65
- ^{222}Rn（ラドン） ……………… 90
- ^{226}Ra−Be ……………… 114
- ^{226}Ra（ラジウム） ……………… 115
- ^{231}Th（トリウム） ……………… 65
- ^{235}U（ウラン） ……………… 65
- ^{238}U ……………… 57
- ^{241}Am（アメリシウム） ……………… 114
- ^{241}Am−Be ……………… 114
- ^{252}Cf（カリホルニウム） ……………… 114
- ^{3}H（水素） ……………… 23
- ^{40}K（カリウム） ……………… 57, 90
- $4n$ 系列 ……………… 57
- $4n+1$ 系列 ……………… 57
- $4n+2$ 系列 ……………… 57
- $4n+3$ 系列 ……………… 57
- ^{54}Mn（マンガン） ……………… 65
- ^{54}Cr（クロム） ……………… 65
- ^{55}Fe（鉄） ……………… 114
- ^{60}Co（コバルト） ……………… 57, 114
- ^{63}Ni（ニッケル） ……………… 114
- ^{66}Zn（亜鉛） ……………… 53
- ^{67}Ga（ガリウム） ……………… 53
- ^{85}Kr（クリプトン） ……………… 114
- ^{90}Sr（ストロンチウム） ……………… 57, 65, 114
- ^{90}Y（イットリウム） ……………… 65
- ^{90}Kr（クリプトン） ……………… 63
- ^{90}Rb（ルビジウム） ……………… 63
- ^{99}Mo（モリブデン） ……………… 63
- ^{99m}Tc（テクネチウム） ……………… 63

C

- C（クーロン） ……………… 23
- CaF_2 ……………… 109
- $CaSO_4$ ……………… 109
- $CaWO_4$ ……………… 102
- Ce^{3+} ……………… 108
- Ce^{4+}（セリウム） ……………… 108

Ce(SO$_4$)$_2$	108
CO	44
CO$_2$	44
cps 単位	104
CsI	102

D

d（重水素）	33
da（デカ）	15
DNA	73
DNA 合成	84
DNA 鎖切断	83
D_0	76
D_q	76

E

eV（エレクトロンボルト）	23

G

GM 管式	103

H

h（プランク定数）	25

J

J（ジュール）	23

K

K$_2$C$_2$O$_4$	50

L

LET	76
LiF	109
LiI	102
lm（ルーメン）	16
log（対数記号）	16
LQ モデル	88
lx（ルクス）	16
L モデル	88

M

M 期	85

N

n（中性子）	29
NaI	102
NaI(Tl) シンチレータ	102

O

OER	76

P

p（陽子）	29
PLD 回復	83

R

rad（ラジアン）	15
RBE	77, 91
RNA	78
RNA ウィルス	78

S

SH 基	96
SI 基本単位	14
SLD 回復	82
sr（ステラジアン）	16
SrSO$_4$	109
S 期	85

T

t（三重水素）	33
Th（トリウム）	65
Tl（タリウム）	65
TLD	109

W

W 値	106

X

X 線	28
X 線写真	115

Z

ZnS	102

ギリシャ文字

α 壊変	29, 57
α 線	28
β 壊変	57
β^+ 壊変	29
β^- 壊変	29

β 線	28	エックス線	123
γ 線	28	エネルギー	22
μ（マイクロ）	14	エレクトロンボルト	23
		円筒型	106

記号

↑（気体になって系外へ）	47	**お**	
↓（固体になって系外へ）	47	オージェ効果	32
(α, n) 反応	115	オージェ電子	31
		親核種	61

あ

か

アイソトープ	22	海上保安官	146
悪性黒色腫	85	回折現象	40
悪性リンパ腫	85	外部放射線	125
アクチニウム系列	57	回復時間	104
亜致死損傷	82	壊変	56
圧延鋼材	114	壊変系列	61
厚さ計	114	壊変定数	36
アデニン	79	カウ	63
アニーリング	109	化学作用	107
アボガドロ数	22	化学式	48
アポトーシス	83	化学反応式	47
アポトーシス小胞	86	核異性体転移	29
アルファ線	123	核壊変	28
安定核種	61	核原料物質	123
		確定的影響	94

い

硫黄分析計	114	核燃料物質	123
位置エネルギー	22	核反応	40
一酸化炭素	44	核分裂	61
遺伝的影響	87, 93	核分裂中性子	40
井戸型	106	核分裂片	61
印加電圧	102	確率的影響	94
インターロック装置	114	下限数量	125
陰電子	29	下限濃度	125
		加重平均値	95

う

ウェル型	106	過剰発症	88
ウラン系列	57	ガスクロマトグラフ	114
		ガスクロマトグラフ用 ECD	114

え

永続平衡	63	数え落とし	104

さくいん 207

片対数グラフ …………………………	63
荷電粒子 ………………………………	28
荷電粒子線 ……………………………	28
加熱アニーリング ……………………	107
過マンガンカリウム $KMnO_4$ ………	50
顆粒球 …………………………………	86
関係法令 ………………………………	121
還元 ……………………………………	48
間接作用 ………………………………	81
間接電離放射線 ………………………	73
完全燃焼 ………………………………	44
肝臓がん ………………………………	78
管理区域 ………………………… 125,	144
管理測定技術 …………………………	101

き

希ガス …………………………………	90
器官形成期 ……………………………	93
器官発生期 ……………………………	93
奇形 ……………………………………	93
気体定数 ………………………………	45
軌道電子捕獲 …………………………	29
休止期 …………………………………	85
吸収線量 …………………………… 38,	91
急性障害 ………………………………	76
教育訓練 ………………………………	144
許可使用者 ……………………………	131
許可証 …………………………………	131
許可廃棄業者 …………………………	132
切り込み ………………………………	84

く

クーロン ………………………………	23
グアニン ………………………………	79
組立単位 ………………………………	15
クリック ………………………………	79
グローカーブ …………………………	109
グロー曲線 ……………………………	109
クロマチン ……………………………	85

け

蛍光X線装置 …………………………	114
蛍光作用 ………………………………	106
蛍光物質 ………………………………	106
警察官 …………………………………	146
計数誤差 ………………………………	111
計数率 …………………………………	104
結合 ……………………………………	84
血小板 …………………………………	87
煙感知器 ………………………………	114
健康診断 ………………………………	145
原子 ……………………………………	21
原子核 …………………………………	21
原始関数 ………………………………	18
原子質量単位 …………………………	22
減弱関数 ………………………………	116
減弱係数 ………………………………	116
原子力基本法 …………………………	122
原子炉 …………………………………	123

こ

高LET放射線 …………………………	79
考古学 …………………………………	57
光子 ……………………………………	25
格子欠陥 ………………………………	109
高純度ゲルマニウム …………………	106
高純度ゲルマニウム検出器 …………	106
甲状腺がん ……………………………	78
校正用線源 ……………………………	132
光束 ……………………………………	16
高速中性子 ……………………………	40
光電効果 …………………………… 32,	35
光電子増倍管 …………………………	102
光量子 …………………………………	25
骨塩定量分析装置 ……………………	114
骨がん …………………………………	78
骨髄死 …………………………………	78
骨肉腫 …………………………………	78

コンデンサ電気容量	118	消化管死	78
コンプトン散乱	37	使用施設	132

さ

サーベイメータ	103, 118	状態方程式	45
再交付	131	照度	16
再交付申請	131	小頭症	78
細胞周期	83	消滅放射	35
作業箇所	115	初期条件	19
酸化	48	初期値	58
酸化数	48	除去	84
三重水素	23, 33	身体的影響	88
酸素効果	76	真の計数率	104
酸素増感比	76		

し

		す	
シート状	107	水分計	114
ジェネレータ	63	数学の基礎	14
紫外線吸収	108	ステラジアン	16
紫外線吸収分光光度計	108	スラブ	114
始期	124	スラブ位置検出装置	114
しきい線量	78	**せ**	
しきい値	93	精神発達遅滞	78, 93
指数法則	16	製鉄工程	114
自然対数	59	静電除去装置	114
自然放射線	90	制動 X 線	113
実効線量	127	生物学	71
実効線量限度	124	生物学的効果比	91
質量数	22	生物学的半減期	95
時定数	118	赤外線吸収	104
シトシン	79	積分	18
シャーレ	83	赤血球	86
遮へい	112	接頭語	14
ジュール	23	セリウム線量計	108
重荷電粒子線	123	線エネルギー付与	76
しゅう酸カリウム	50	全壊変定数	55
重水素	33	全計数率	111
自由電子	107	線減弱係数	34
重陽子線	123	潜在的致死損傷	83
		線質	91
		全致死線量	72

潜伏期間 …………………………… 76
線量－生存率曲線 ………………… 77
線量限度 …………………………… 123

そ

相加平均値 ………………………… 95
早期障害 …………………………… 76
造血死 ……………………………… 78
相互作用 …………………………… 34
相乗平均値 ………………………… 95
曾孫核種 …………………………… 61
相対標準偏差 ……………………… 118
早発性障害 ………………………… 76
速中性子 …………………………… 40
阻止能 ……………………………… 76
素電荷 ……………………………… 23

た

第1種放射線取扱主任者免状 …… 141
第3種放射線取扱主任者免状 …… 132
胎児期 ……………………………… 93
対称式 ……………………………… 17
大食細胞 …………………………… 86
対数 ………………………………… 16
対数平均値 ………………………… 95
胎内被ばく ………………………… 92
第2種放射線取扱主任者免状 …… 140
多原子イオン ……………………… 49
多重標的1ヒットモデル ………… 75
多重標的多重ヒットモデル ……… 75
脱毛 ………………………………… 78
たばこ量目制御装置 ……………… 114
多標的1ヒットモデル …………… 75
多標的多重ヒットモデル ………… 75
単位 ………………………………… 14
タングステン酸カルシウム ……… 102
単原子イオン ……………………… 49
炭素同位体 ………………………… 22
単体 ………………………………… 49

単離 ………………………………… 63

ち

チミン ……………………………… 79
着床前期 …………………………… 93
中間子 ……………………………… 24
中性子 ……………………………… 21, 40
中性子線 …………………………… 28
潮解性 ……………………………… 106
腸死 ………………………………… 78
調和平均値 ………………………… 95
直接作用 …………………………… 81
直接電離放射線 …………………… 73
直流増幅器 ………………………… 103
貯蔵施設 …………………………… 132
貯蔵施設能力 ……………………… 132

て

低 LET 放射線 ……………………… 76
定期講習 …………………………… 147
抵抗 ………………………………… 118
デオキシリボース ………………… 79
デオキシリボ核酸 ………………… 78
デカ ………………………………… 15
鉄線量計 …………………………… 108
電子 ………………………………… 21
電子線 ……………………………… 28, 123
電子対生成 ………………………… 35
電子対生成断面積 ………………… 39
電磁波 ……………………………… 123
電磁放射線 ………………………… 28, 34, 73
電子捕獲型検出器 ………………… 114
電離 ………………………………… 32
電離箱式サーベイメータ ………… 103

と

同位元素 …………………………… 22
透過型 ……………………………… 114
等価線量限度 ……………………… 124
導関数 ……………………………… 18

同中性子体 …………………………… 22
特性X線 ……………………………… 30, 34
特定許可使用者 ……………………… 132
突然変異 ……………………………… 78
届出使用者 …………………………… 132
届出賃貸業者 ………………………… 132
届出販売業者 ………………………… 132
トムソン散乱 ………………………… 35
トリウム系列 ………………………… 56
トリチウム …………………………… 23
貪食細胞 ……………………………… 86

な
内部転換 ……………………………… 30
内部被ばく …………………………… 92
鉛板 …………………………………… 34
鉛容器 ………………………………… 117

に
二酸化炭素 …………………………… 44
二重らせん …………………………… 79
ニュートリノ ………………………… 31
ニュートン …………………………… 23
妊娠可能女子 ………………………… 124
妊娠中女子 …………………………… 124

ぬ
ヌクレオチド ………………………… 79

ね
熱蛍光作用 …………………………… 107
熱蛍光線量計 ………………………… 107
熱外中性子 …………………………… 40
熱中性子 ……………………………… 40
熱ルミネッセンス作用 ……………… 107
熱ルミネッセンス線量計 …………… 108
熱ルミネッセンス物質 ……………… 109
ネプツニウム系列 …………………… 56
年間使用数量 ………………………… 134

の
脳壊死 ………………………………… 78

濃度限度 ……………………………… 127

は
肺炎 …………………………………… 78
肺がん ………………………………… 78
廃棄事業所 …………………………… 132
廃棄施設 ……………………………… 132
廃棄物貯蔵設備 ……………………… 132
廃棄物詰替設備 ……………………… 132
培養細胞 ……………………………… 83
白内障 ………………………………… 78
発がん ………………………………… 87
バックグラウンド計数率 …………… 111
白血球減少 …………………………… 78
白血病 ………………………………… 78
波数 …………………………………… 25
速い中性子 …………………………… 40
パルス波高 …………………………… 102
半価層 ………………………………… 34
半減期 ………………………………… 36, 56
反ニュートリノ ……………………… 29
晩発障害 ……………………………… 76
晩発性障害 …………………………… 76
反陽子 ………………………………… 24

ひ
ビーム ………………………………… 28
ヒット ………………………………… 73
飛程 …………………………………… 35, 113
非破壊検査 …………………………… 115
非破壊検査装置 ……………………… 114
皮膚 …………………………………… 124
皮膚潰瘍 ……………………………… 78
微分 …………………………………… 17
微分方程式 …………………………… 19
表示付特定認証機器 ………………… 132
表示付認証機器 ……………………… 132
表示付認証機器届出使用者 ………… 132
標準状態 ……………………………… 44

標準偏差 ……………………… 111	放射性ラドン ……………………… 90
標的理論 ………………………… 73	放射線 …………………… 28, 123
表面密度限度 ………………… 127	放射線影響 ……………………… 72
ピリミジン塩基 ……………… 80	放射線感受性 …………………… 87
貧血 ……………………………… 78	放射線業務従事者 …………… 115
ふ	放射線減弱係数 ……………… 116
フィルムバッジ ……………… 109	放射線施設 …………………… 132
不感時間 ……………………… 104	放射線障害 ……………………… 78
ふっ化リチウム ……………… 109	放射線障害防止法 …………… 122
ふっ化カルシウム …………… 109	放射線生物作用 ………………… 72
物理的半減期 …………………… 95	放射線取扱主任者 ………… 6, 140
物理学 …………………………… 13	放射線発生装置 ………… 122, 132
不妊 ……………………………… 78	放射線防護効果 ………………… 96
部分壊変定数 …………………… 55	放射能 …………………………… 52
プラトー期 ……………………… 83	放射平衡 ………………………… 61
プラトー状態 …………………… 83	放射平衡状態 …………………… 63
プランク定数 …………………… 25	捕獲γ線 ……………………… 113
フリーラジカル ………………… 81	ホルダー ……………………… 109
フリッケ線量計 ……………… 108	**ま**
プリン塩基 ……………………… 80	マイクロ ………………………… 14
プレーナ型 …………………… 106	マクロファージ ………………… 86
分解時間 ……………………… 104	孫娘核種 ………………………… 61
分岐壊変 ………………………… 55	**み**
分子量 …………………………… 44	密度計 ………………………… 114
へ	密封RI ………………………… 132
ベータ線 ……………………… 123	密封点線源 …………………… 117
平均致死線量 …………………… 77	ミルキング ……………………… 63
平均分子量 ……………………… 48	**む**
平板型 ………………………… 106	娘核種 …………………………… 61
ヘリウム原子核 ………………… 29	無名数 …………………………… 46
ペレット状 …………………… 107	**め**
ほ	眼の水晶体 …………………… 124
ポアソン分布 …………………… 74	**も**
防護剤添加 ……………………… 96	モル ……………………………… 44
放射性核種 ………………… 55, 81	モル質量 ………………………… 45
放射性同位元素 ………… 122, 141	文部科学大臣 ………………… 131
放射性同位元素装備機器 …… 125	

ゆ
有効荷電 ……………………………… 76
有効半減期 …………………………… 95

よ
よう化セシウム ……………………… 102
よう化ナトリウム …………………… 102
よう化リチウム ……………………… 102
陽子 …………………………………… 21
陽子数 ………………………………… 22
陽子線 …………………………… 28, 123
陽電子 ………………………………… 29

ら
ラザフォード散乱 …………………… 37
ラジアン ……………………………… 15
ラジオグラフィー …………………… 114
ラジカル・スカベンジャー …… 81, 96
ラジカル捕捉剤 ……………………… 96
ラドン ………………………………… 90

り
理想気体 ……………………………… 45
立体角 ………………………………… 16
リボ核酸 ……………………………… 78
硫化亜鉛 ……………………………… 102
硫酸カルシウム ……………………… 109
硫酸ストロンチウム ………………… 109
硫酸セリウム ………………………… 108
硫酸第一鉄 …………………………… 108
粒子線 …………………………… 73, 123
粒子放射線 …………………………… 73
リンパ球 ……………………………… 86

る
ルーメン ……………………………… 16
ルクス ………………………………… 16

れ
励起型 ………………………………… 114
レイリー散乱 ………………………… 35
レベル計 ……………………………… 114

レントゲン検査 ……………………… 90

ろ
ロッド状 ……………………………… 107

わ
ワトソン ……………………………… 79

さくいん 213

MEMO

MEMO

MEMO

MEMO

MEMO

著者　福井 清輔（ふくい せいすけ）

略歴と資格
福井県出身，東京大学工学部卒業，および，同大学院修了，工学博士

主な著作
- 「わかりやすい エックス線作業主任者 合格テキスト」（弘文社）
- 「わかりやすい 第1種放射線取扱主任者 合格テキスト」（弘文社）
- 「わかりやすい 第2種放射線取扱主任者 合格テキスト」（弘文社）
- 「実力養成！ 第1種放射線取扱主任者重要問題集」（弘文社）
- 「はじめて学ぶ 環境計量士（濃度関係）」（弘文社）
- 「はじめて学ぶ 環境計量士（騒音・振動関係）」（弘文社）
- 「基礎からの環境計量士 濃度関係 合格テキスト」（弘文社）
- 「基礎からの環境計量士 騒音・振動関係 合格テキスト」（弘文社）

実力養成！ 第2種放射線取扱主任者 重要問題集

著　者	福井清輔
印刷・製本	亜細亜印刷株式会社

発　行　所　株式会社 弘文社　〒546-0012 大阪市東住吉区中野2丁目1番27号
☎ (06)6797－7441
FAX (06)6702－4732
振替口座 00940－2－43630
東住吉郵便局私書箱1号

代　表　者　岡崎　達

落丁・乱丁本はお取り替えいたします。

表 元素の周期表

族\周期	1	2	3	4	5	6	7	8	9	10	11	12	13	14	15	16	17	18
1	1 H 水素																	2 He ヘリウム
2	3 Li リチウム	4 Be ベリリウム											5 B ホウ素	6 C 炭素	7 N 窒素	8 O 酸素	9 F フッ素	10 Ne ネオン
3	11 Na ナトリウム	12 Mg マグネシウム											13 Al アルミニウム	14 Si ケイ素	15 P リン	16 S 硫黄	17 Cl 塩素	18 Ar アルゴン
4	19 K カリウム	20 Ca カルシウム	21 Sc スカンジウム	22 Ti チタン	23 V バナジウム	24 Cr クロム	25 Mn マンガン	26 Fe 鉄	27 Co コバルト	28 Ni ニッケル	29 Cu 銅	30 Zn 亜鉛	31 Ga ガリウム	32 Ge ゲルマニウム	33 As ヒ素	34 Se セレン	35 Br 臭素	36 Kr クリプトン
5	37 Rb ルビジウム	38 Sr ストロンチウム	39 Y イットリウム	40 Zr ジルコニウム	41 Nb ニオブ	42 Mo モリブデン	43 Tc テクネチウム	44 Ru ルテニウム	45 Rh ロジウム	46 Pd パラジウム	47 Ag 銀	48 Cd カドミウム	49 In インジウム	50 Sn スズ	51 Sb アンチモン	52 Te テルル	53 I ヨウ素	54 Xe キセノン
6	55 Cs セシウム	56 Ba バリウム	57-71 ランタノイド(下記表)	72 Hf ハフニウム	73 Ta タンタル	74 W タングステン	75 Re レニウム	76 Os オスミウム	77 Ir イリジウム	78 Pt 白金	79 Au 金	80 Hg 水銀	81 Tl タリウム	82 Pb 鉛	83 Bi ビスマス	84 Po ポロニウム	85 At アスタチン	86 Rn ラドン
7	87 Fr フランシウム	88 Ra ラジウム	89-103 アクチノイド(下記表)	104 Rf ラザホージウム	105 Db ドブニウム	106 Sg シーボーギウム	107 Bh ボーリウム	108 Hs ハッシウム	109 Mt マイトネリウム	110 Ds ダームスタチウム	111 Rg レントゲニウム	112 Cn コペルニシウム	113 Uut ウンウントリウム	114 Uuq ウンウンクアジウム	115 Uup ウンウンペンチウム	116 Uuh ウンウンヘキシウム	117 Uus ウンウンセプチウム	118 Uuo ウンウンオクチウム

ランタノイド系列	57 La ランタン	58 Ce セリウム	59 Pr プラセオジム	60 Nd ネオジム	61 Pm プロメチウム	62 Sm サマリウム	63 Eu ユーロピウム	64 Gd ガドリニウム	65 Tb テルビウム	66 Dy ジスプロシウム	67 Ho ホルミウム	68 Er エルビウム	69 Tm ツリウム	70 Yb イッテルビウム	71 Lu ルテチウム
アクチノイド系列	89 Ac アクチニウム	90 Th トリウム	91 Pa プロトアクチニウム	92 U ウラン	93 Np ネプツニウム	94 Pu プルトニウム	95 Am アメリシウム	96 Cm キュリウム	97 Bk バークリウム	98 Cf カリホルニウム	99 Es アインシュタイニウム	100 Fm フェルミウム	101 Md メンデレビウム	102 No ノーベリウム	103 Lr ローレンシウム

アミカケ部の元素は、単核種元素（安定な核種が1種類のみ）です。